Michael Teutsch

Entwicklung von elektrochemisch abgeschiedenem LIGA-Ni-Al für Hochtemperatur-MEMS-Anwendungen

**Schriftenreihe
des Instituts für Angewandte Materialien**
Band 24

Karlsruher Institut für Technologie (KIT)
Institut für Angewandte Materialien (IAM)

Entwicklung von elektrochemisch abgeschiedenem LIGA-Ni-Al für Hochtemperatur-MEMS-Anwendungen

von
Michael Teutsch

Dissertation, Karlsruher Institut für Technologie (KIT)
Fakultät für Maschinenbau
Tag der mündlichen Prüfung: 26. März 2013

Impressum

Karlsruher Institut für Technologie (KIT)
KIT Scientific Publishing
Straße am Forum 2
D-76131 Karlsruhe
www.ksp.kit.edu

KIT – Universität des Landes Baden-Württemberg und
nationales Forschungszentrum in der Helmholtz-Gemeinschaft

KIT Scientific Publishing 2013
Print on Demand

ISSN 2192-9963
ISBN 978-3-7315-0026-1

Entwicklung von elektrochemisch abgeschiedenem LIGA-Ni-Al für Hochtemperatur-MEMS-Anwendungen

Zur Erlangung des akademischen Grads eines

Doktors der Ingenieurwissenschaften

an der Fakultät für Maschinenbau des
Karlsruher Institut für Technologie (KIT)
genehmigte

Dissertation

von
Dipl.-Ing. Michael Teutsch
aus Stuttgart

Tag der mündlichen Prüfung: 26.03.2013

Hauptreferent: PD Dr. Jarir Aktaa
1. Korreferent: Prof. Dr. Volker Saile
2. Korreferent: Prof. Dr. Oliver Kraft

Kurzfassung

Nickel gehört zu den am häufigsten verwendeten galvanischen Struktur-materialien für Mikrosysteme bzw. MEMS (Mikro-Elektro-Mechanische-Systeme). Allerdings verschlechtern sich gerade bei Nickel die mechanischen Eigenschaften unter hohen Temperaturen durch mikrostrukturelle Instabilitäten.

Neue Anforderungen an MEMS, darunter eine hohe Stabilität in rauen und abrasiven Umgebungen und bei hohen Temperaturen erfordern die Entwicklung neuer Materialien für die LIGA-Technik, die ein breiteres Spektrum neuer Anwendungen für MEMS eröffnen kann.

Nickel-Aluminium-Superlegierungen sind bekannt für ihren Einsatz in den heißen Bereichen der Flugzeug-Motoren z.B. als Turbinenschaufeln, da sie hervorragende mechanische Eigenschaften unter Hochtemperaturbelastung zeigen. Die galvanische Abscheidung von Ni mit Al-Partikeln als Komposit mit einer anschließenden Wärmebehandlung erhielt Aufmerksamkeit, da damit eine einfache und kostengünstige Möglichkeit geboten wird, Nickel-Superlegierungen in der Beschichtung von Bauteilen einzusetzen.

Das Ziel dieser Arbeit ist die Entwicklung von thermisch stabilen LIGA Nickel-Aluminium-Werkstoffen für Hochtemperatur-MEMS-Anwendungen. LIGA Ni-Al-Folien wurden mit verschiedenen Zusammensetzungen aus einer Nickelsulfatsalz-Elektrolytlösung nach Watts mit zugesetzten Aluminium-Nanopartikeln elektrochemisch abgeschieden. Zur Stabilisierung der Al-Partikel im Elektrolyten wurde die Wirkung verschiedener Additive getestet und der Einfluss der Prozessbedingungen auf die Zusammensetzung und die Eigenschaften des Materials analysiert. Die abgeschiedenen Schichten zeigen eine nahezu gleichmäßige Verteilung der Al-Partikel im Material, die unterschiedlichen Additive haben Auswirkungen auf den Partikeleinbau und die Mikrostruktur des Komposits. Um die γ/γ' Phase in den abgeschiedenen Ni-Al-Schichten zu erzeugen, wurden Wärmebehandlungen bei Temperaturen von 600 - 1100 °C für unterschiedliche Zeitdauern durchgeführt. Die erhaltenen Mikrostrukturen wurden dann analysiert und mit denen vor der Wärmebehandlung und der des reinen LIGA Nickels nach gleicher Wärmebehandlung verglichen. Vor und nach der Wärmebehandlung zeigen die untersuchten Schichten eine feinere Mikrostruktur im Vergleich zu der des reinen LIGA Nickels. Nach der Wärmebehandlung zeigt die Mikrostruktur der Ni-Al-Schichten eine Zunahme der mittleren Korngröße, das Aluminium ist im γ-Mischkristall gelöst mit örtlichen γ'-Ausscheidungen.

Die abgeschiedenen Mikrozugprüfproben wurden bei Raumtemperatur und bei hohen Temperaturen mit einer Prüfmaschine für Mikrozug- sowie Mikrokriechversuche zur Bestimmung ihrer mechanischen Eigenschaften getestet. Hier zeigten die wärmebehandelten Ni-Al-Proben eine deutlich verbesserte thermische Stabilität gegen plastische Verformung im Vergleich zu den wärmebehandelten LIGA Nickel-Proben.

Abstract

Nickel is one of the most electrodeposited structural materials for Micro Electrical Mechanical Systems (MEMS). However, nickel's mechanical properties degrade at high temperatures due to microstructural instabilities. New requirements for MEMS capable of operating in harsh and abrasive high temperature environments require the development of new LIGA materials, which may create also a wide range of new applications for MEMS. Nickel-aluminum superalloys are well known for their use in the hot stages of air plane engines because they show excellent high temperature mechanical properties. In this work, the electrodeposition of Ni with Al particles composite coatings received extensive attention because it provides - with a following heat treatment - a simple and low cost way to produce Nickel superalloy coatings.

The aim of this work is the development of thermally stable LIGA Ni-Al materials for high temperature MEMS applications. LIGA Ni-Al foils for thermally stable LIGA materials were electrodeposited with different compositions ranging from 4 to 10 at% aluminum in a nickel sulphate electrolyte with added aluminum nano particles. For stabilization of the aluminum particles in the electrolyte, the effect of different additives was tested. The influence of process conditions on the composition and properties of the material was analyzed. The as-deposited coatings show a nearly uniform distribution of Al particles in the material.

In order to create the γ/γ' phase, the received Ni-Al layers were solutionized at high temperatures (900 - 1100 °C) and annealed (500 - 750 °C) for different durations. Their microstructures were then analyzed and compared with those before annealing and those of pure LIGA nickel subjected to the same heat treatment. Prior to heat treatment, the observed microstructures show a finer grained microstructure compared to the pure LIGA nickel. After heat treatment the grain size is increased and the aluminum is dissolved in solid solution with small γ/γ'-phase precipitations.

For material characterization, Ni-Al micro tensile testing samples and TEM discs were electrodeposited. The as-deposited micro tensile testing samples were then heat treated and tested at room temperature and elevated temperatures using a testing machine for microtensile and microcreep testing to determine their mechanical properties. Here, the heat treated Ni-Al samples show significantly improved thermal stability compared to the annealed LIGA nickel samples.

Danksagung

Die vorliegende Arbeit wurde im Rahmen einer Kooperation des Karlsruher Instituts für Technologie (KIT) und der Johns Hopkins University (JHU) in Baltimore/USA in der Zeit von September 2009 bis August 2012 angefertigt. Beteiligt waren das Institut für Angewandte Materialien (IAM) und das Institut für Mikrostrukturtechnik (IMT) des KIT sowie das Department of Mechanical Engineering der JHU in Baltimore.

Gefördert wurde die Arbeit mit Mitteln der Deutschen Forschungsgemeinschaft (DFG) sowie der National Science Foundation (NSF), wofür ich mich bedanken möchte.

Herrn PD Dr. J. Aktaa danke ich für die Möglichkeit, unter seiner Anleitung zu promovieren, für die konstruktive Kritik und seine wichtigen Anmerkungen während der heißen Phase meiner Arbeit.

Ebenso danke ich den Herren Prof. Dr. rer. nat. O. Kraft und Prof. Dr. V. Saile, die mir in schwierigen Situationen mit Rat und Tat zur Seite standen.

Zu großem Dank verpflichtet bin ich Herrn Dr. K. Bade, der mir mit seiner steten Diskussionsbereitschaft und den daraus resultierenden wertvollen Ratschlägen ein Vorankommen erleichterte.

Herrn Prof. Dr. K. Hemker (JHU) danke ich für die Einladung zu Forschungsaufenthalten an der Johns Hopkins University in Baltimore/USA, bei denen mir in großzügiger Weise Zeit und Raum für Versuche und fachübergreifende Diskussionen geboten wurde.

Insbesondere Mr. D. Burns (JHU) danke ich für wertvolle Diskussionen und die Durchführung von Versuchen während unserer gegenseitigen Besuche und darüber hinaus. Wir sind in der Zeit Freunde geworden.

Allen Mitarbeitern des IAM und des IMT am KIT sowie dem Department of Mechanical Engineering der JHU Baltimore danke ich für die hervorragende Arbeitsatmosphäre und die konstruktive Unterstützung meiner Dissertation. Dipl.-Ing. Gunnar Picht vom IAM-KM (Institut für Keramik) am KIT danke ich für die Durchführung der XRD-Untersuchungen der erzeugten Schichten. Besonderer Dank geht an Dr. O. Weiss und W. Sittel, die für mich und mit mir die TEM-Untersuchungen gemacht haben. Gleiches gilt für Yong Zhang an der JHU. D. Exner danke ich für die geopferte Zeit am FIB, F. Guzman für die Diskussionen und die Hilfe bei den Berechnungen zu den Diffusionsmodellen sowie M. Bruns für die XPS-Messungen.

Karlsruhe, im April 2013   *Michael Teutsch*

Symbol- und Abkürzungsverzeichnis

Al_2O_3 .... Aluminiumoxid

α_T .... Thermischer Ausdehnungskoeffizient

ΔR .... Spannungsunterschied

$\dot{\varepsilon}_S$ .... Kriechrate

ε .... Dehnung

ε_b .... Bruchdehnung

η .... Viskosität

γ .... Gamma-Phase

γ' .... Ni_3Al-Phase

λ .... mittlerer Teilchenabstand

μm .... Mikrometer

ρ .... Dichte

σ_0 .... Startspannung für Versetzungsbewegung

σ_w .... Wahre Spannung

τ_{crit} .... kritische Schubspannung

A .... Ampere

AL .... Aluminium

$at-\%$ .... Atomprozent

C_i .... Konzentration

CMC .... kritischer Punkt für Mizellenbildung

Co .... Kobalt

Cu .... Kupfer

D .... Diffusionskoeffizient

d .... Durchmesser

d_K .... Korndurchmesser

DPA .... Dodecylphosphonsäure

E .... Elastizitätsmodul

EDS .... Energiedisperse Röntgenspektroskopie

F_A .... Auftriebskraft

F_R .... Reibungskraft

f_V .... Volumenanteil

fcc .... kubisch flächenzentriert

FIB .... Fokussierter Ionenstrahl

G .... Schubmodul

g .... Erdbeschleunigung 9,81 m/s

H_Be .... Berkovich-Härte

ht .... wärmebehandelt

k .... Verhältnis Additiv zu Al-Partikelgehalt im Elektrolyt

KG .... Korngröße

M .... Taylorfaktor

m .... Masse

M_{Al} .... Molmasse Aluminium

M_{Ni} .... Molmasse Nickel

MAC 1-Dodecyl-Trimethylammoniumchlorid

$MEMS$ .... Mikroelektromechanisches System

MK .... Mischkristall

MPK .... Mikroprüfkörper

n .... Kriechexponent

nDP .... n-Dodecylphosphat

nht .... nicht wärmebehandelt

Ni .... Nickel

nm .... Nanometer

O .... Sauerstoff

OPA .... Oktylphosphonsäure

OR .... Orowan

PZC .... Nullladungspunkt

viii

Q .... Aktivierungsenergie

Q_H .... Hindernisenergie

R .... allgemeine Gaskonstante

r .... Radius

R_m .... Zugfestigkeit

$R_P0{,}2$ 0,2%-Dehngrenze

R_{eS} .... Streckgrenze

RT .... Raumtemperatur

SDS .... Natriumdodecylsulfat

SE .... Sekundärelektronen

SEM .... Rasterelektronenmikroskopie

Si .... Silizium

T .... Temperatur

t .... Zeit

T_S .... Schmelztemperatur

TEM .... Transmissionselektronenmikroskopie

TH .... Teilchenhärtung

Ti .... Titan

TiO_2 .... Titanoxid

V .... Volt

V .... Volumen

XPS .... Röntgenphotoelektronenspektroskopie

XRD .... Röntgenbeugungsspektroskopie

Inhaltsverzeichnis

1 Einleitung

Der Beginn der Entwicklung von Superlegierungen geht bis in die Anfänge des letzten Jahrhunderts zurück, als sie aufgrund des Bedarfs an hochtemperaturfestem Material für Flugzeugmotoren begonnen wurde. Die weitere Entwicklung von Gasturbinen führte zu einem weiten Anwendungsfeld für hochtemperaturfeste Werkstoffe.

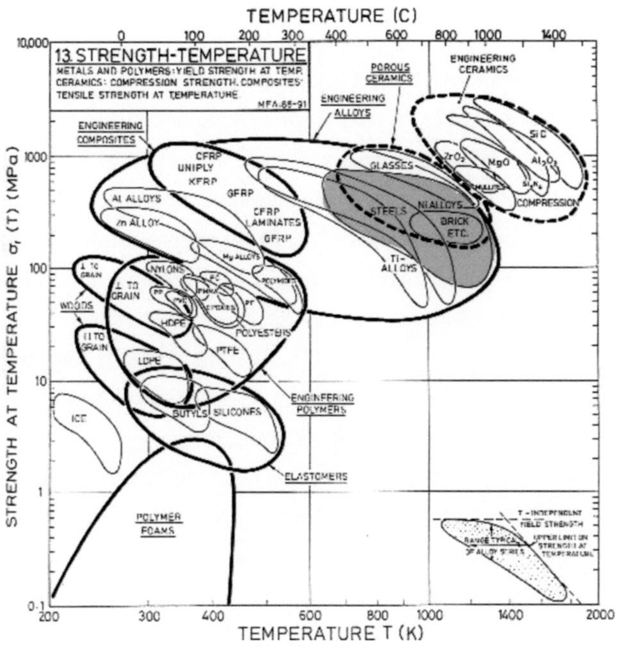

Abb. 1.1: Werkstoff-Auswahldiagramm nach Ashby (5)

Superlegierungen sind ein häufig dort eingesetzter Konstruktionswerstoff, wenn hohe Festigkeiten in Verbindung mit hoher Temperaturstabilität gefordert werden [Abb. 1.1], da die selben hohe Festigkeiten in homologen Temperaturen bis 0,9 T/T_s zeigen.

Abb. 1.2: Mikro-Wärmetauscher (2) und Mikro-Reaktor (97)

Zur Klassifizierung von Superlegierungen lassen sich diese in die Gruppen der Nickel-basierenden, Kobalt-basierenden und Eisen-basierenden Superlegierungen aufteilen, wobei die Nickel-basierenden Superlegierungen den größten Stellenwert einnehmen. In neuerer Zeit werden Nickel-basierende Superlegierungen nicht mehr nur in Flugzeugmotoren und Gasturbinen eingesetzt, sie finden auch Anwendung in Kernreaktoren, Dampfkraftwerken, petrochemischen Anlagen und in der Raumfahrttechnik.

Grund für den Einsatz gerade von Nickel-basierenden Superlegierungen ist der Erhalt der guten mechanischen Eigenschaften wie Härte, Zugfestigkeit und Zähigkeit bei hohen Einsatz-Temperaturen.

In dieser Arbeit soll versucht werden, Superlegierungen auch in der Mikrosystemtechnik für Mikrosysteme bzw. für MEMS (engl.: **m**icro **e**lectrical **m**echanical **s**ystems) nutzbar zu machen, da auch das Feld der möglichen Anwendungsgebiete für Mikroanwendungen in den letzten Jahrzehnten deutlich gewachsen ist. Anwendungen finden könnten diese überall dort, wo Mikrosysteme heißen und oxidierenden Medien ausgesetzt sind, etwa in der Sensorik und in Mikro-Wärmetauschern [Abb. 1.2].

1.1 Motivation und Aufgabenstellung

MEMS oder Mikrosysteme sind heutzutage in vielen Produkten wie Handys, Smartphones, Computern, aber auch in Fahr- und Flugzeugen zu finden, und der ständig wachsende Markt für diese Mikrosysteme wird gemäß einer Studie des Ministeriums für Bildung und Forschung gegenwärtig weltweit auf ein Volumen von 200 Milliarden US-\$ geschätzt (14). Der Marktanteil Deutschlands am weltweiten Gesamtumsatz der Mikrosystemtechnik dürfte dabei bis 2020 von derzeit 10 auf 21 Prozent wachsen. Zur Zeit werden hauptsächlich über CVD oder PVD hergestellte, zweidimensionale Dünnschicht-Sensoren und dreidimensionale, über den Boschprozess hergestellte Sensoren als Druck- und Beschleunigungssensoren eingesetzt. Die Anwendungen der nächsten Generation MEMS wird aber voraussichtlich über zweidimensionale Sensoren und Materialien hinausgehen. Beispiele für Materialien, die in Dünnschicht-MEMS eingesetzt werden sind (ohne Anspruch auf Vollständigkeit): Silizium-Einkristallstukturen, Siliziumcarbid, Siliziumnitrid, Silizium-Beryllium, amorpher Diamant, CMOS, LIGA Nickel, Kupfer und Permalloy sowie SU8 und andere Polymere. Was viele der aufgezählten Materialien vereint, ist eine Sensibilität für hohe Einsatztemperaturen, was sich in einer starken Abnahme der mechanischen Festigkeiten äußert.

Höhere Freiheitsgrade in Herstellung und Dimension von Materialien mit zu entwickelnden neuen Herstellungsrouten und mit verbesserten mechanischen und physikalischen Eigenschaften werden benötigt, um den Anforderungen an neue MEMS zu genügen. Es lassen sich drei Faktoren nennen, die die Grundlage für die Entwicklung neuer Materialien für MEMS darstellen und damit die Aufgabenstellung definieren (112):

- Auf Silizium basierte Mikrosysteme sind teilweise zu spröde für Anwendungen, die Kräfte erfordern, die ähnlich denen in der Makrowelt sind. Die Techniken für die Übertragung von Kräften in MEMS beruhen z.Z. auf elektrostatischen oder thermischen Kraftmaschinen, die aber nur relativ kleine Kräfte und eingeschränkte Stellwege bewältigen können. Somit müssen andere Materialien als diejenigen der typischen Silizium-IC's in MEMS integriert werden, um Anwendungen mit höheren Kräften oder größeren Stellwegen zu ermöglichen.

- Der zweite Faktor, der die Verwendung von neuen Techniken bzw. Materialien erfordert, ist der Bedarf an High-aspect-ratio-Strukturen, d.h. Strukturen, in denen das Verhältnis von Höhe zur Grundfläche der Struktur sehr groß ist. Silizium ist durch seine Materialparameter für einige dieser Anwendungen nicht geeignet.

- Faktor drei ist der Bedarf an Materialien, die in rauen und hochtemperierten Umgebungen stabil bleiben. Neue MEMS-Anwendungen in der chemischen Analyse, der Fluidtechnik und für andere Zwecke sind klar in der Automobiltechnik und in der Elektro- und Atomindustrie identifiziert. Diese Anwendungen erfordern jedoch auch einen sicheren Betrieb bei hohen Temperaturen und in korrosiven Umgebungen, z. B. in Automotoren, Autoreifen, Kernreaktoren, chemischen Anlagen und Triebwerken, da in diesen Einrichtungen ein hoher Sicherheitsstandard benötigt wird.

Diese Faktoren stellen deutlich höhere Anforderungen an die einzusetzenden Materialien und lassen sich über die traditionellen Dünnschichtsensoren aus Silizium nur eingeschränkt bedienen, vielmehr erfordern sie die Entwicklung neuer Materialien über alternative Herstellungswege.

Die Erfindung der LIGA-Technik (LIGA ist ein Akronym aus **Li**thographie, **G**alvanik und **A**bformung) am ehemaligen Forschungszentrum Karlsruhe (FZK), jetzt Teil des Karlsruher Institut für Technologie (KIT), in den achtziger Jahren eröffnet einen neuen Herstellungsweg für MEMS aus neuen Materialien (11). Heute werden über LIGA hergestellte Ni-Strukturen mit hohen Aspektverhältnissen in einer Vielzahl von Mikro-Sensoren und Aktoren sowie für Formwerkzeuge zur Herstellung polymerer und keramischer Mikrobauteile eingesetzt. Die Tatsache, dass Mikro-Strukturen nach dem

LIGA-Verfahren hergestellt werden können, ermöglicht die Gestaltung robuster Strukturen aus einer großen Anzahl von elektrochemisch abscheidbaren Werkstoffen. Das Gleichgewicht der Eigenschaften, die über LIGA hergestellte Metalle bieten können (hohe elektrische und thermische Leitfähigkeit, relativ hohe Steifigkeit und Festigkeit bei Raumtemperatur und eine sehr hohe Bruchzähigkeit) macht sie attraktiv für eine große Reihe von MEMS-Anwendungen.

Die Einschränkungen und Herausforderungen der aktuellen LIGA Technologie mit Nickel sind jedoch neben der Empfindlichkeit der Materialeigenschaften von den Herstellungsbedingungen (z.B. Stromdichte, Badtemperatur und chemische Zusammensetzung des Elektrolyten) vor allem die schlechte Kriechfestigkeit, mikrostrukturelle Instabilitäten und der Verlust der mechanischen Festigkeit bei erhöhten Temperaturen.

Die vorliegende Arbeit beschäftigt sich mit der Herstellung und Charakterisierung von Hochtemperatur-LIGA-Materialien, im Besonderen von LIGA Ni-Al-Legierungen für MEMS. Mögliche Einsatzgebiete für diese neuen Materialien sind: mechanische und physikalische Sensoren, Gyroskope für Führungssysteme, chemische und biologische Systeme, RF-Filter für Telekommunikationsgeräte, Mikrowärmetauscher und biomedizinische Mikroinstrumente zum Einsatz in korrosiven Medien und bei hohen Temperaturen. Dazu wird zu Beginn der Stand der Forschung in den Bereichen der Herstellung von LIGA-Mikrostrukturen, von Nickel-Superlegierungen und in der Werkstoffprüfung im Mikrobereich dargestellt. Anhand des konzeptionellen Vorgehens in Kapitel 2 wird die Strategie zur Aufgabenlösung chronologisch aufgeführt. Anschließend werden in Kapitel 3 bis Kapitel 5 die erarbeiteten Ergebnisse aus Dispersionsabscheidung, Wärmebehandlung und mechanischer Charakterisierung präsentiert und diskutiert. Zum Abschluss werden die erhaltenen Ergebnisse zusammengefasst und ein Ausblick für mögliche Vertiefungen bzw. Fortführungen gegeben.

1.2 Stand der Forschung

1.2.1 Herstellung von Mikrostrukturen mittels LIGA

Das LIGA-Verfahren wurde Ende der 1980-er Jahre durch die Dres. E.W. Becker und W. Ehrfeld zur Herstellung von Separationsdüsen in der Urananreicherung entwickelt (10) (11), und ermöglicht die Herstellung von metallischen Strukturen mit vertikalen Dimensionen in der Größenordnung von mehreren hundert Mikrometern mit einer Genauigkeit der Seitenwandabmaße von 0,1 μm pro Millimeter [Abb. 1.3]. Das daraus resultierende Höhe-zu-Breite-Verhältnis oder auch Aspektverhältnis kann bis zu 100 betragen und ist äußerst relevant für die Herstellung von MEMS-Komponenten sowie bei der Abformung und das Prägen von Polymer- und Keramik-MEMS-Strukturen (175), (101), (99), (100) aus über Galvanotechnik hergestellten Mikroformen (37), (40), (58), (165).

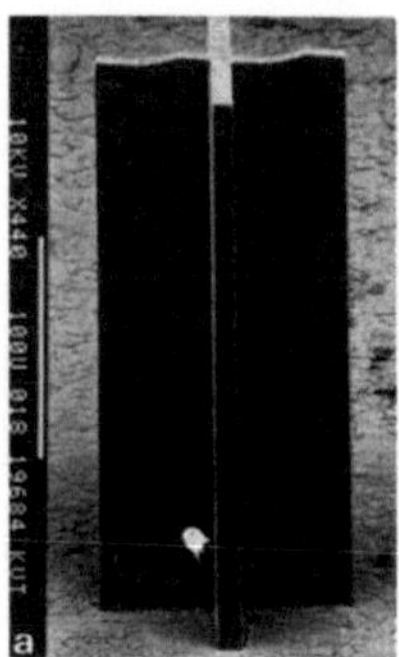

Abb. 1.3: Potential der LIGA-Abscheidung (11)

In dem ursprünglichen LIGA-Verfahren wird Röntgenstrahlung aus einem Synchrotron verwendet, um Strukturen über eine Maske in einen PMMA-Resist (Polymethylmetacrylat) zu übertragen, und diese Strukturen können nach dem Entwickeln durch Galvanisieren mit Metallen gefüllt werden. In neueren Anwendungen wird als Resist auch SU-8 eingesetzt, bestehend aus

Epoxy-Harz und Triarylsulfoniumhexafluoroantimonat. SU-8 ist ein Negativresist und kann auch mittels UV-Strahlung belichtet werden. Über das LIGA-Verfahren können eine Vielzahl High-Aspect-MEMS, z. B. aus Nickel und Nickel-Eisen produziert und angewendet werden.

Zur Herstellung von Komponenten für Mikrogetriebe mit hohem Aspektverhältnis (151), (96) (74) eignet sich die LIGA-Technik genauso wie zur Herstellung von Mikromotoren (28) und Mikropumpen (61) sowie von Lagern und Gleitringdichtungen (139).

Bewegliche Teile lassen sich über das sogenannte Opferschicht-Verfahren herstellen wie z.B. Mikro-Beschleunigungssensoren (138), (127), (12) und mechanische Mikro-Verstärker zur Dehnungsmessung (118).

Die Herstellung von Mikrodüsen aus Nickel zur Produktion von Mikro- und Nanofasern sind ebenso möglich (22), (154), (136), (21). In der Röntgentechnik werden über den LIGA-Prozess elektrochemisch abgeschiedene Nickel-Mikrospiegellinsen für Weltraum-Röntgenteleskope erfolgreich hergestellt (56).

Edelmetalle wie Gold, Palladium und Silber werden in der galvanischen LIGA-Abscheidung für die Herstellung von Röntgenoptiken und für hochpräzise Uhrenteile für die schweizer Uhrenindustrie eingesetzt (32).

Die Herstellung von Mikrowärmetauschern aus PMMA, Nickel und Keramik wurde durch Kelly 2001 untersucht (72), wobei Nickel als Abformwerkzeug für die Herstellung der PMMA- und Keramikwärmetauscher wie auch als Wärmetauscher-Material selbst eingesetzt wurde. Ein Ausblick auf mögliche verbesserte Wärmeübertragungsraten bei Wärmetauschern aus temperaturfesteren Ni-Legierungen und Keramiken gibt Anlass zur Etablierung von Ni-Superlegierungen im MEMS-Einsatzbereich.

1.2.2 Nickel und Nickel-Aluminium

Nickel gehört durch seine chemischen wie physikalischen, insbesondere mechanischen und thermischen Eigenschaften zu den am häufigsten technisch eingesetzten Metallen. Dabei ist Nickel sowohl als Basismetall als auch als zulegierter Bestandteil in einer überwältigenden Anzahl wichtiger Werkstoffe vertreten, so z.B. in korrosionsbeständigen und hochwarmfesten Stählen und Überzügen.

Nickel ist wie Eisen und Kobalt ferromagnetisch und kristallisiert in einer kubisch-flächenzentrierten (fcc) Kristallstruktur [Abb. 1.4, links]. Die Mi-

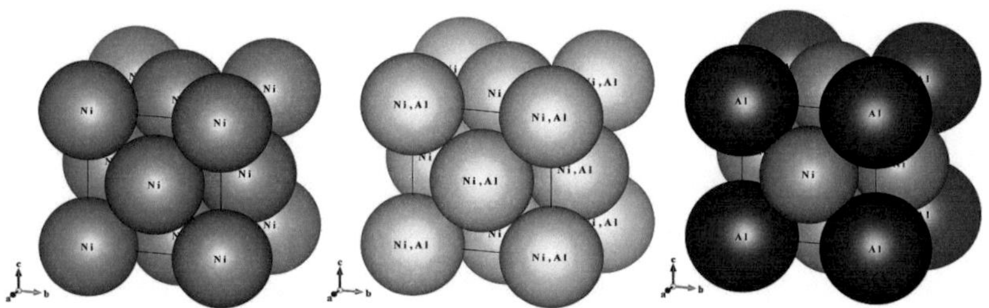

Abb. 1.4: Elementarzelle von Nickel (links), Ni-Al-Mischkristall (γ-Phase) (Mitte) und Ni$_3$Al (γ'-Phase) (rechts) (103)

krostruktur von elektrochemisch abgeschiedenem Nickel ist sehr stark von der Badzusammensetzung und der Abscheideparameter abhängig. So kann die Korngröße von wenigen Nanometern bis zu Mikrometern differieren. Über die Hall-Petch-Beziehung 1.1 lassen sich über

$$R_{eS} = \sigma_0 + \frac{K}{\sqrt{d_k}} \tag{1.1}$$

mit R_{eS} Streckgrenze, σ_0 Startspannung für Versetzungsbewegung im Einkristall, K materialabhängiger Parameter und d_k Korndurchmesser die unterschiedlichen Festigkeitswerte für Nickel erklären (115), (116), (98). Durch eine Kornfeinung im elektrochemisch abgeschiedenen Material im Vergleich zu anderen Herstellungsarten kommt es durch ein Anheben der Streckgrenze zu einer Erhöhung der Festigkeit, da die Korngrenzen eine natürliche Behinderung für die Versetzungsbewegung darstellen und somit die plastische Verformung behindern. Ebenso bewirkt die Verminderung des Schermoduls an Korngrenzen, dass die Bildung neuer Versetzungen erleichtert wird (77).

Die mechanischen Eigenschaften bei Raumtemperatur von LIGA-Ni-Strukturen wurde in einer Reihe von Studien untersucht. Es konnte dokumentiert werden, dass sich die zugrundeliegenden Abscheidebedingungen auf die Mikrostruktur und damit auf die mechanischen Eigenschaften der LIGA-Ni-Strukturen auswirken.

Sowohl durch eine Ausbildung einer kristallographischen Textur während der Abscheidung (52), (147), (122), (18), (8) als auch durch LIGA-bedingte Reduktion der Korngröße (52), (24) im abgeschiedenen Material konnte eine Beeinflussung des E-Moduls und der Festigkeit nachgewiesen werden.

Die Reduktion der Festigkeit zeigt sich verstärkt, wenn LIGA-Ni-Strukturen Temperaturen über 400 °C ausgesetzt werden, denn Streckgrenze, Zugfestigkeit und Dehnung sind bei Nickel sehr stark temperaturabhängig. Bei hochreinem Nickel konnte eine deutliche Reduktion der Festigkeitswerte an Proben aus Bulk-Material nachgewiesen werden (67). Elektrochemisch abgeschiedenes Nickel zeigt Zugfestigkeiten zwischen 500 MPa und 1,3 GPa bei Raumtemperatur (137), (53). Nach einer Wärmebehandlung bei hoher Temperatur liegen die Festigkeiten bei Raumtemperatur bei maximal 450 - 500 MPa mit einer Bruchdehnung zwischen 30-45 %. An wärmebehandelten Nickelproben gemessene Härtewerte nach Brinell liegen um die 80 HB (Brinell-Härte) (75).

Gleiches gilt bei Nickel für die Erhöhung der Einsatztemperaturen. Mikro-Zugversuche, die ohne vorherige Exposition bei hoher Temperatur an reinen Nickelstrukturen bei 200 °C durchgeführt wurden, zeigten ebenso schon einen signifikanten Verlust an Festigkeit. Bei Erhöhung der Temperaturbelastung fallen Streckgrenze und Zugfestigkeit weiter deutlich ab [Abb. 1.5], (25), (163), (52), (23), (24).

Ursächlich für die Abnahme der Festigkeiten von LIGA-Nickel, das hohen Temperaturen ausgesetzt ist, ist die deutliche Veränderung der Mikrostruktur durch starkes Kornwachstum (62), (78), (31).

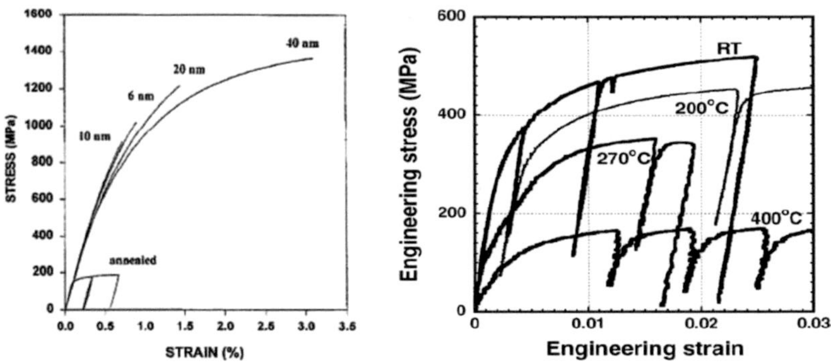

Abb. 1.5: Festigkeitsverlust von Nickel bei Erhöhung der Temperatur: nach Auslagerung (links) (158), bei hohen Temperaturen (rechts) (24)

Kriechversuche bei erhöhter Temperatur zeigen einen starken Zusammenhang von zeitabhängiger Plastizität und Temperatur zwischen 200-300
°C (23). Dieser signifikante Verlust an Warmfestigkeit wird durch eine Vergröberung der abgeschiedenen Mikrostruktur verursacht, die sich weit en-
fernt von ihrem Gleichgewichtszustand befindet (23). Bereits bei Temperaturen ab 70 °C wird diese instabil (78).

Die Konsequenz dieser Temperaturinstabilität ist, dass galvanisch abgeschiedenes LIGA-Nickel derzeit nicht als geeigneter Kandidat für MEMS-
Anwendungen bei erhöhter Temperatur (wie z. B. thermische Aktoren, Wär-
metauscher, und Mikro-Gasturbinen) gilt.

Gerade bei Mikrobauteilen wird das Kornwachstum bei hohen Temperaturen zu einem Problem, da es dort zur Bildung von Einkristallen im belas-
teten Querschnitt kommen kann.

Da der Elastizitätsmodul E von Nickel stark von der Belastungsrichtung
abhängt ($E_{isotrop}$=207 MPa, $E_{\langle 100 \rangle}$=137 MPa, $E_{\langle 111 \rangle}$=305 MPa, Anisotropie-
faktor 2,5) (121), kann sich bei Nickel eine Kornvergröberung daher unter
Lasteinwirkung sehr stark in den elastischen Eigenschaften bemerkbar machen.

Die Anfälligkeit für Kriechen zeigt sich bei nanokristallinem Nickel schon deutlich unterhalb von 0,4 T_s (Schmelztemperatur). Die Mechanismen, die diesen Effekt verursachen, sind noch nicht gänzlich verstanden (42). Wang (158) schließt aus seinen Untersuchungen aus Kurzzeit-Kriechversuchen bei Raumtemperatur [Abb. 1.6] in nanokristallinem Nickel in Abhängigkeit der Korngröße auf Korngrenzengleiten und -Diffusion (Coble-Kriechen) entlang interkristalliner Komponenten wie Korngrenzen, Tripelpunkten und Vierfach-Knoten als dominanten Verformungs-Mechanismus für primäres Kriechen. Yin (170) konnte diese Annahme mit weiteren Versuchen untermauern. Bei einer Erhöhung der Temperatur (100 °C) ändern sich die Kriechmechanismen; Versetzungskriechen und Korngrenzengleiten können eine Rolle spielen, ein dominanter Mechanismus konnte aber nicht eindeutig identifiziert werden.

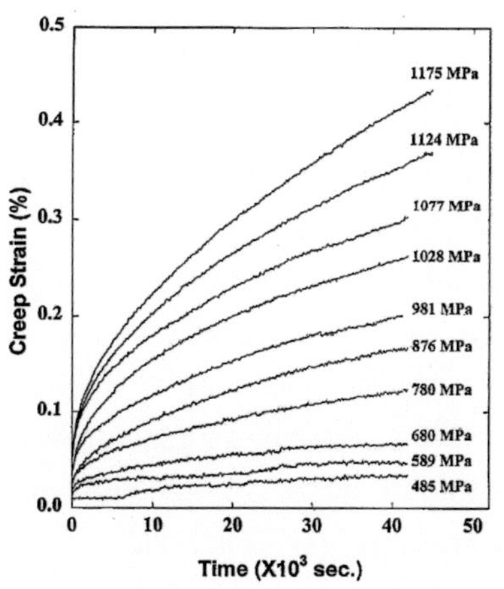

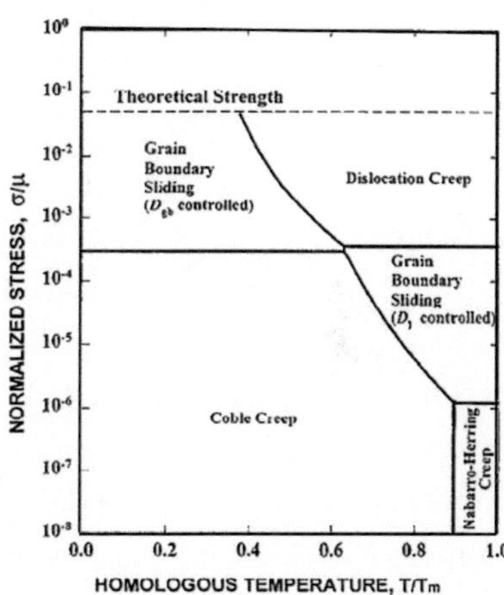

Abb. 1.6: Kriechkurven von nanokristallinem Nickel (links), Verformungs-mechanismus-Diagramm Nickel (rechts) (158)

Zur Verbesserung der thermischen Stabilität galvanisch abgeschiedenen Nickels wird in der Literatur folgendes vorgeschlagen:

1. Zugabe von festen Partikeln zur Erzeugung von Dispersionsschichten: Zum Beispiel können dem Elektrolyten zugesetzte harte Keramikpar-

tikel bei der Abscheidung einen Nanokompositen aus Ni und Partikel erzeugen und so durch eine Behinderung der Versetzungsbewegung zu einer Festigkeitssteigerung führen (36), (82), (111).

2. Gezieltes Einstellen eines Mischkristallgefüges: Eine Legierungsabscheidung von Nickel mit Wolfram, Eisen oder Phosphor führt zu einem Ni-X-Mischkristall, der deutlich bessere Temperaturfestigkeiten zeigen kann. Die zugesetzten Elemente segregieren bevorzugt an den Korngrenzen und behindern somit das Kornwachstum bei hohen Temperaturen (51), (6).

3. Bildung einer zweiten Phase: Durch Zulegieren bestimmter Elemente liegt diese zweite Phase als kohärente oder teilkohärente Ausscheidung im Material vor, und kann über die Wärmebehandlung in Größe und Verteilung gezielt eingestellt werden und behindert die Versetzungsbewegung (63), (141), (173).

Ein Element, das die Bildung dieser kohärenten Ausscheidungen begünstigt, ist Aluminium. Abb. 1.7 zeigt das Phasendiagramm für Ni-Al.

Durch das Zulegieren von Al bildet sich bei Gehalten von $x \leq 8$ % die sogenannte γ-Phase aus, die nahezu die gleichen Gitterparameter aufweist wie die Nickelphase [Abb. 1.4, Mitte]. Weiteres Zulegieren bis 25 % führt zur Ausscheidung der γ'-Phase [Abb. 1.4, rechts], die eine geordnete Phase im Gittertyp $L1_2$ mit der theoretischen Zusammensetzung Ni_3Al aufweist, d.h. die Ni-Atome besetzen die Flächenmitten der fcc-Zelle, und die Al-Atome nehmen die Eckpositionen ein.

Prinzipiell werden die Substitutions-Elemente zur Bildung einer zweiten Phase in drei Klassen eingeteilt, und zwar in solche, die die Ni-Atome, die Al-Atome oder beide Atomsorten im Atomgitter substituieren. Durch die Substitution von Al durch Ti, Nb, Ta, V, Mn und Si wird die γ'-Phase stabilisiert, daher bezeichnet man diese Elemente im Zusammenhang mit Nickel ebenso wie Aluminium als γ'-Bildner. Co und Cu, die in der Ni_3Al-Elementarzelle die Ni-Atome substituieren, befinden sich in der zweiten

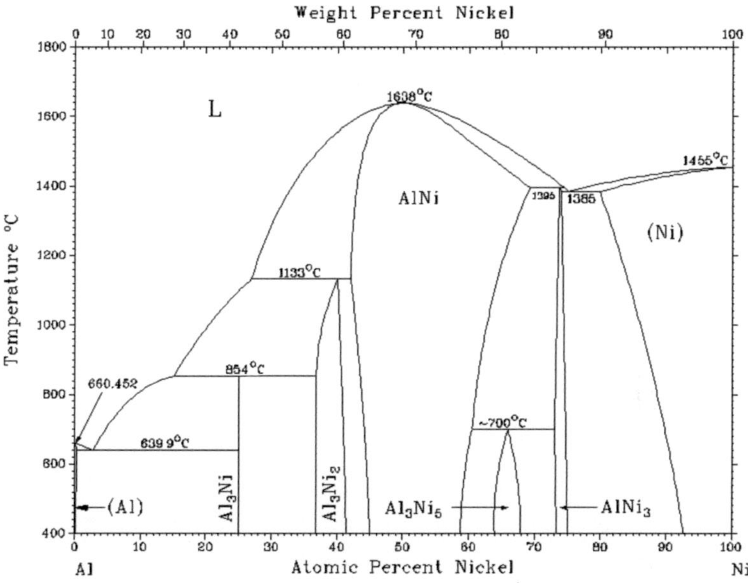

Abb. 1.7: Phasendiagramm Aluminium-Nickel (107)

Gruppe. Zur dritten Gruppe zählen schließlich Fe, Cr, W und Mo, die sowohl an die Stelle von Nickel als auch Aluminium treten können (75). Durch das Zulegieren der genannten Elemente wurden die daraus resultierenden Nickel-Legierungen zu Nickel-Superlegierungen.

1.2.3 Nickelsuperlegierungen

Makro Ni-Basis-Superlegierungen werden in tragenden Konstruktionen auf der höchsten homologen Temperatur (0,9) von allen gängigen Legierungen eingesetzt und werden ausgiebig in den heißgehenden Abschnitten von Turbinen verwendet, sie umfassen derzeit mehr als 50% des Gewichts der Flugzeugmotoren (1).

Moderne Nickelbasis-Superlegierungen sind aus jahrzehntelanger Forschung und Entwicklung von neuen Werkstoffen hervorgegangen und sind hochkomplexe Legierungen mit nicht unerheblichen Anteilen an Al, Cr, Co und Ti und geringen Mengen von B, Zr, C, Mo, W, Ta, Hf und Nb (66). Ihre Festigkeit bei hohen Temperaturen resultiert aus der Bildung einer zusammenhängenden $\gamma - \gamma'$-Mikrostruktur. Die zusätzlichen Elemente haben nicht nur positiven Einfluss auf die Mischkristallverfestigung, die Karbidbildung, die Korrosionsbeständigkeit und andere wichtige Eigenschaften der Nickellegierungen, sondern verbessern primär die Hochtemperatur-Festigkeit und -Stabilität [Abb. 1.8] (109) (66).

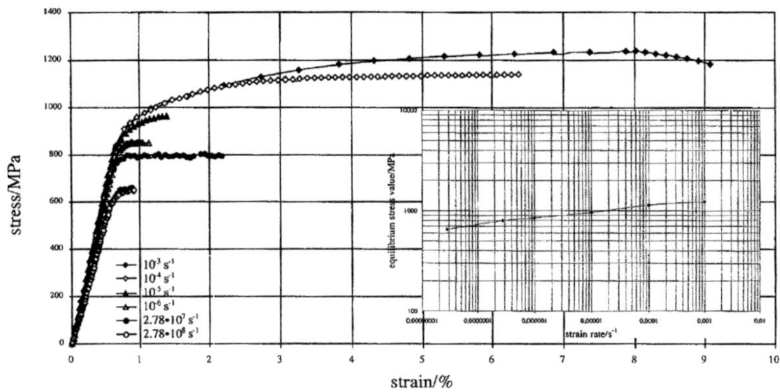

Abb. 1.8: Festigkeitsverhalten der Ni-Superlegierung CMSX-4 in Abhängigkeit der Dehnrate (109)

Um eine Verbesserung des Hochtemperatur-Verhaltens von elektrochemisch abgeschiedenem Nickel durch die Bildung von γ'- bzw. Ni_3Al-Ausscheidungen wie in Ni-Superlegierungen herbeizuführen, wird die Zugabe von γ'-Bildnern wie Al erforderlich. Aluminium ist jedoch ein unedles Metall und kann aus einer wässrigen Elektrolytlösung nicht elektrolytisch reduziert werden, da vorher Wasser in Wasserstoff und Sauerstoff umgesetzt wird.

Zwar können organische Lösungsmittel verwendet werden, um Aluminium elektrochemisch abzuscheiden (93), dies würde aber gravierende Änderungen für den Prozess der LIGA-Abscheidung von Ni und Al nach sich ziehen, da eine Kompatibilität zwischen den verwendeten Lösungsmitteln und den im LIGA-Prozess verwendeten Resisten nicht gegeben ist (71).

Weitere Möglichkeiten sind die Aluminisierung von aus konventionellen LIGA-Abscheidungen erhaltener MEMS (19), oder das Sputtern über ein Superlegierungs-Target in eine LIGA-Struktur (19), (88). Meng et al. (95) haben über Magnetronsputtern Mehrschichtfolien mit $\gamma - \gamma'$-Mikrostruktur mit guten mechanische Eigenschaften herstellen können, Li et al. (88) stellten ähnliche $\gamma - \gamma'$ Mikro-Laminate mit EB-PVD her, jedoch lassen sich Filme oder Strukturen, die ähnlich dick oder robust genug sind wie diejenigen, die über LIGA hergestellt werden können, mit keiner dieser Techniken produzieren.

Stand der Forschung ist die Co-Abscheidung von Nickel-Aluminium-Kompositen bzw. Nickel-Metallpartikel-Abscheidung durch die Zugabe von Mikro- und Nanopartikel zu gängigen Nickel-Elektrolyten, um Beschichtungen von z.B. Turbinenschaufeln zur Erhöhung der Korrosionsbeständigkeit zu erzeugen.

Izaki (63) und Susan et al. (141), (145), (146), (142), (143), (144) setzten dem Elektrolyten unterschiedliche Mengen von Al-Mikropartikeln von 2-5 μm Größe zu und wandten die vertikale Anordnung von Kathode und Anode in einem Nickel-Sulfamat-Bad an. Damit konnten sie Al-Volumenanteile von 12-20 vol-% in den abgeschiedenen Schichten erreichen.

Budniok (105), (106) erreichte mit Sulfat und Sulfamatbädern unter Anwendung der Sedimenttechnik (horizontale Anordnung von kathode und Anode) einen Gewichtsanteil von 5-44 Gew-%, allerdings sind die so zu erzielenden Schichten sehr rau und porös. Im Anschluss an Glühungen wurden Zusammensetzung und Härte der Schichten untersucht. Ebenfalls über die Sedimenttechnik konnte Cui (30) einen Al-Gehalt von 8 Gew-% erzielen. Auch dabei zeigte sich eine deutliche Porosität und Oberflächenrauheit, die so für MEMS nicht brauchbar ist.

Zhou et al. (173), (172) entwickelten eine Ni-28Al (Gew%) Nanokompositbeschichtung für die Oxidationsbeständigkeit von Ni-Teilen durch galvanische Abscheidung von Ni aus einem Sulfatbad mit zugesetzten 75 nm Al Nanopartikel in unterschiedlichen Gewichtsanteilen. Allerdings bezieht sich die Al-Gewichtsangabe im Ni-Al-Film auf EDX-Messungen an der Oberfläche der Schichten. Messungen in Schliffen der hergestellten Schichten zeigten später einen Gewichtsanteil von 6-8 Gew-% (171). In Glühversuchen unter Atmosphäre konnte eine deutlich verbesserte Oxidationsbeständigkeit in hohen Temperaturen festgestellt werden. Es wurde jedoch weder versucht, die Mikrostruktur des Materials zu untersuchen oder zu beeinflussen, noch wurden die mechanischen Eigenschaften der Schichten aufgeklärt.

Liu et al. (91), (89) untersuchte das zyklische Oxidationsverhalten von elektrochemisch abgeschiedenen, porösen Ni-Al-Schichten mit zugesetzten 3 μm-Al-Partikeln nach dem Sediment-Verfahren. Auch hier wurde bedauerlicherweise versäumt, die Festigkeitseigenschaften der erzielten Schichten zu analysieren.

Zuletzt verfolgten Yang et al. (167), (168), (169) und Ghanbari (44) das gleiche Ziel, die Oxidationsbeständigkeit von heißgehenden Teilen aus Nickellegierungen durch Beschichtungen zu erhöhen. Es gelang ihnen, mit einem Sulfat-Ansatz und Zugabe von Al-Mikro- und Nanopartikeln in Größe von 85 nm und 3 bzw. 5 μm einen Al-Gewichtsanteil von bis zu 7,4 Gew-% erzielen. Der Einfluss der Partikelgröße auf die Porenbildung und die Oxidationsbeständigkeit wurde untersucht, allerdings wurden die Auswirkungen weder der Abscheideparameter noch der Partikelgröße, des Aluminiumgehalts, der Zusammensetzung und Wärmebehandlung auf die Mikrostruktur und die mechanischen Eigenschaften des erzeugten Materials erhoben. Haj-Taieb (49), auf deren Ergebnissen diese Arbeit aufbaut, hat über die Material-Systeme Ni-W und Ni-Al$_2$O$_3$ einen Elektrolyten aufgebaut und auf metallische Al-Partikel angewendet. Erste Ergebnisse zeigten auch hier eine deutliche Oberflächenrauheit und Porosität mit Abnahme der

Elektrolytstabilität. Die erzielten Al-Gehalte in den Schichten betrugen etwa 4 at-%.

1.2.4 Prüfmethoden zur mechanischen Charakterisierung im Mikrometerbereich

LIGA-Bauteile sind in erster Linie tragende Strukturen mit mechanischer Funktionalität. Zur korrekten Charakterisierung von neu entwickelten LIGA Ni-Basis-Superlegierungen wird eine Messung des gesamten Spektrums ihrer mechanischen Eigenschaften benötigt. Mikro-Zugversuche bieten durch den dabei vorliegenden einachsigen Spannungszustand die einfachste diagnostische Testmethode, um neue Materialien zu charakterisieren. Dazu wird ein an der Johns Hopkins Universität in Baltimore, USA entwickeltes Mikro-Zug-Messverfahren in Verbindung mit Digital Image Correlation (DIC) verwendet, um folgende Parameter zu bestimmen: thermischer Ausdehnungskoeffizient (CTE), Elastizitätsmodul (E), Streckgrenze ($R_{p,0,2\%}$), Zugfestigkeit (R_m) und Bruchdehnung (ε_B).

Die jüngste Weiterentwicklung der Mikrozugprüfmaschine nach Sharpe (130), (135), (134), (133), (131) sowie die anschließende Erweiterung des Temperaturbereichs bei den Messungen durch Hemker (176), (178) erleichtern wesentlich das mechanische Testen von sehr kleinen Proben [Abb. 1.9]. Bereits angewendet wurde das Mikrozug-Prüfverfahren in Verbindung mit der DIC bei Polysilizium (134), SiC (64), Siliziumnitrid (35), SiO_2 (45), (132), in den Wärmeeinflusszonen von Stahlschweißteilen (84), sowie an Haftvermittlern für Wärmedämmschichten (TBC) (113); an einkristallinen, voll lamellaren und polysynthetischen Zwillingen in TiAl (15), (176), (177), elektronenbestrahltem 316 Edelstahl und Fe-Cu-Mn-Legierungen (26), sowie an nanokristallinem Ni, Cu und Al (86), (160), (46).

Kriechexperimente im Mikrometerbereich geben Aufschuss über das Temperaturverhalten unter konstanter Belastung und unterscheiden sich nur durch die Skalierung von Kriechversuchen im makroskopischen Bereich.

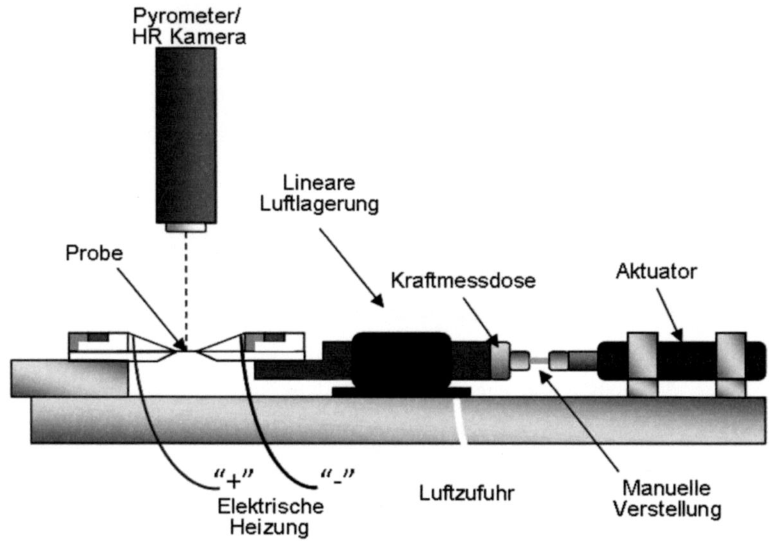

Abb. 1.9: Mikro-Zugprüfmaschine nach Sharpe und Hemker

Allerdings lassen sich Korngrößeneffekte und anisotropes Werkstoffverhalten deutlicher darstellen. Die Korngrößenabhängigkeit des Kriechens bei elektrochemisch abgeschiedenem Nickel konnte von (158), (170), von elektrochemisch abgeschiedenem Ni-Wolfram von (164) dargestellt werden.

Die Nanoindentation ist als eine Weiterentwicklung der konventionellen Härteprüfung anzusehen, welche eine sehr häufig eingesetzte Methode in der Materialprüfung ist. Bei der Härteprüfung wird ein Prüfkörper mit einer bestimmten Kraft in das Probenmaterial gedrückt und über den gemessenen Widerstand die Härte und E-Modul bestimmt.

Die Nanoindentation stellt eine ausgezeichnete Methode dar, um kleine Materialvolumina zu untersuchen, da ein sehr spitzer Eindruckkörper, eine dreiseitige Pyramide (Berkovich-Spitze) verwendet wird. Bei dieser weiterentwickelten Technik wird die direkte Bestimmung der Eindruckfläche vermieden, sondern die aufgebrachte Kraft sowie die Verschiebung des Prüfkörpers wird kontinuierlich während des Eindruckexperiments aufgezeichnet. Aus den Kraft-Verschiebungs-Daten und einer vorher durchgeführten Kalibrierung der Spitzengeometrie kann die Kontaktfläche im Material bestimmt werden, ohne dass die Eindrücke unter einem Mikroskop vermessen werden müssen. Eingesetzt wird die Nanoindentation heutzutage im gesamten Feld der Materialforschung, vor allem im Bereich dünner Schichten, als Beispiele sind erwähnt (110), (129), (76), (128) und (174). Allerdings bleibt zu erwähnen, dass gerade die Nanoindentation große Anforderungen an die Probenpräparation stellt, da sich die Eindringtiefe der Berkovich-Spitze in den Prüfkörper im Micrommeterbereich befindet. Ebenso nehmen äußere Einflüsse wie Temperaturänderungen und Erschütterungen Einfluss auf die Messergebnisse.

2 Konzeptionelles Vorgehen

2.1 Elektrochem. Abscheidung von Ni-Al-Dispersionsschichten

Ziel dieser Arbeit ist die Herstellung und Charakterisierung von elektrochemisch abgeschiedenen LIGA Ni-Al-Legierungen für MEMS-Anwendungen mit einer $\gamma - \gamma'$-Mikrostruktur. Da eine elektrochemische Abscheidung von Aluminium in wässriger Lösung aufgrund der hohen Potentialdifferenz nicht möglich ist, lässt sich eine Abscheidung von Nickel mit Aluminium nur aus nichtwässriger Lösung durchführen, was eines für die Herstellung mittels LIGA-Technik deutlich höheren Aufwands bedarf. Ein alternativer Herstellungsweg ist eine Co-Abscheidung von Nickel mittels Elektrolyse mit im Elektrolyt dispergierten Aluminium-Partikeln. Prinzipiell lassen sich alle Arten von Kompositschichten durch Zugabe unterschiedlicher metallischer und inerter Partikel über eine Co-Abscheidung herstellen. Dazu werden die Partikel mit Hilfe eines geeigneten Additivs dem Elektrolyten zugesetzt, dispergiert und mit abgeschieden.

Die grundlegenden Mechanismen sind dabei:

Konvektion aufgrund der Badbewegung, durch sowohl die Partikel als auch die gelösten Ionen mitgeführt und in Richtung der Kathode transportiert werden.

Migration und **Diffusion** als die grundlegende, gerichtete Bewegung sowohl der Partikel als auch der gelösten Ionen im innerhalb des Elektrolyten angelegten elektrischen Feld.

Adsorption an der Kathodenoberfläche, unter anderem durch den Einfluss der *van-der-Waals-Kräfte*.

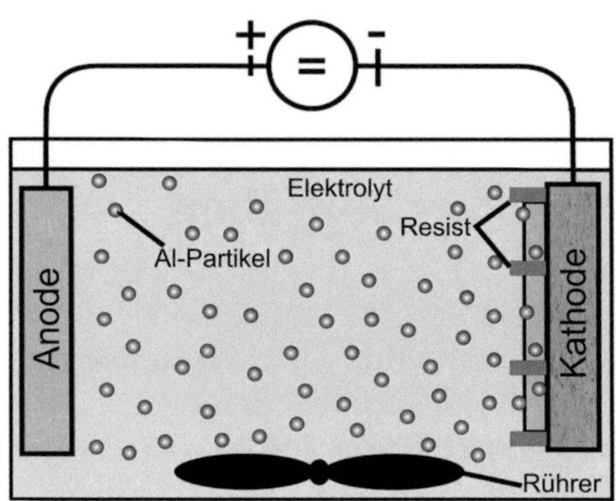

Abb. 2.1: Co-Abscheidung von Metallen mit Partikeln in wässriger Lösung mit vertikaler Elektrodenanordnung

Grundsätzlich lassen sich einige Metalle aus wässrigen Lösungen ihrer Salze auf ein Substrat auf elektrochemischem Wege abscheiden [Abb. 2.2], allerdings lassen sich zumindest bislang nicht alle mikrotechnisch nutzen. Am häufigsten zum Einsatz kommen in der Mikrotechnik Kupfer, Nickel und Edelmetalle wie Gold und Silber. Zur Einstellung von Bad sowie Badparametern und zur Materialcharakterisierung wurden Abscheidungen von Ni-Al-Schichten der Größe von 10 *mm* x 10 *mm* bis zu 20 *mm* x 20 *mm* hergestellt. Zum Vergleich wurden aus dem gleichen Elektrolyten ohne Zugabe von Partikeln reine Nickelschichten abgeschieden. Alle Schichten wurden mit einer kalkulierten Dicke von 100 μm $\pm$ 10 μm auf Messing, auf Edelstahl, später dann auf Si/Ti/TiO$_2$-Substrat abgeschieden. Der Verlauf und der Erfolg der Co-Abscheidung von Ni-Al-Dispersionsschichten ist sehr stark abhängig von den gewählten Abscheidebedingungen (92).

Die prinzipielle Reaktion bei der elektrochemischen Abscheidung von Nickel ist an der Kathode:

$$Ni^{2+} + 2e^- \rightarrow Ni(s). \tag{2.1}$$

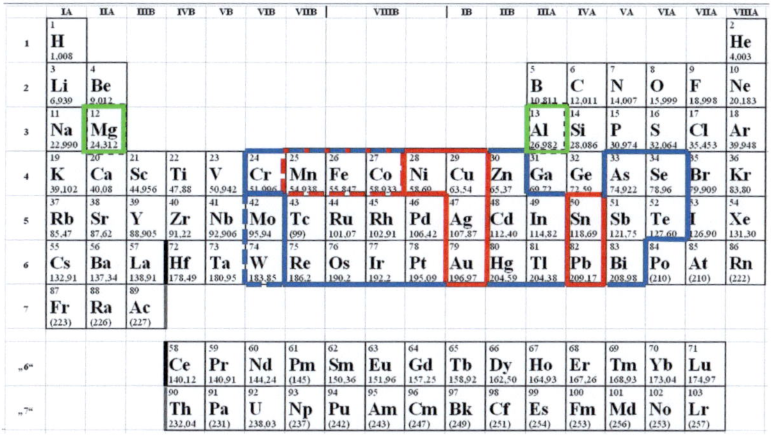

	IA	IIA	IIIB	IVB	VB	VIB	VIIB	VIIIB			IB	IIB	IIIA	IVA	VA	VIA	VIIA	VIIIA
1	H 1,008																	He 4,003
2	Li 6,939	Be 9,012											B 10,811	C 12,011	N 14,007	O 15,999	F 18,998	Ne 20,183
3	Na 22,990	Mg 24,312											Al 26,982	Si 28,086	P 30,974	S 32,064	Cl 35,453	Ar 39,948
4	K 39,102	Ca 40,08	Sc 44,956	Ti 47,88	V 50,942	Cr 51,996	Mn 54,938	Fe 55,847	Co 58,933	Ni 58,69	Cu 63,54	Zn 65,37	Ga 69,72	Ge 72,59	As 74,922	Se 78,96	Br 79,909	Kr 83,80
5	Rb 85,47	Sr 87,62	Y 88,905	Zr 91,22	Nb 92,906	Mo 95,94	Tc (99)	Ru 101,07	Rh 102,91	Pd 106,42	Ag 107,87	Cd 112,40	In 114,82	Sn 118,69	Sb 121,75	Te 127,60	I 126,90	Xe 131,30
6	Cs 132,91	Ba 137,34	La 138,91	Hf 178,49	Ta 180,95	W 183,85	Re 186,2	Os 190,2	Ir 192,2	Pt 195,09	Au 196,97	Hg 204,59	Tl 204,38	Pb 209,17	Bi 208,98	Po (210)	At (210)	Rn (222)
7	Fr (223)	Ra (226)	Ac (227)															

„6"	Ce 140,12	Pr 140,91	Nd 144,24	Pm (145)	Sm 150,36	Eu 151,96	Gd 157,25	Tb 158,92	Dy 162,50	Ho 164,93	Er 167,26	Tm 168,93	Yb 173,04	Lu 174,97
„7"	Th 232,04	Pa (231)	U 238,03	Np (237)	Pu (242)	Am (243)	Cm (247)	Bk (249)	Cf (251)	Es (254)	Fm (253)	Md (256)	No (253)	Lr (257)

Abb. 2.2: Periodensystem der Elemente mit elektrochemisch abscheidbaren Metallen; rot: mikrotechnisch genutzt, blau: zugänglich; grün: nichtwässrig

Die entsprechende Anodenreaktion ist:

$$Ni(s) \rightarrow Ni^{2+} + 2e^- \tag{2.2}$$

Verwendet wurde ein Nickelsulfat-Elektrolyt nach Watts [Tab. 2.1], der schon erfolgreich in der Erzeugung von Schichten eingesetzt werden konnte (167), (168).

Tabelle 2.1: Elektrolyt-Zusammensetzung Nickelabscheidung

Nickel-Elektrolyt			
Bezeichnung	Summenformel	Herkunft	Konz. [mol/l]
Nickelsulfat p.a.	$NiSO_4 * 6H_2O$	Merck	0,534
Ammoniumchlorid p.a.	NH_4Cl	Merck	0,28
Borsäure p.a.	H_3BO_4	Merck	0,25

Als Anodenmaterial wurden entweder nicht aktives Reinnickel (INCO-Nickel 99,97 %), oder Stahl als inerte Anode verwendet.

23

Der Elektrolyt wurde in unterschiedlichen Volumina von 250 ml bis 2 L angesetzt. Vor Zugabe der Al- bzw. Ti-Nanopartikel wurden dem Elektrolyt die nachfolgend aufgeführten Additive in unterschiedlichen Konzentrationen zugesetzt [Tab. 2.2]: Natrium-Dodecyl-Sulfat (SDS) - Phosphonsäuren mit unterschiedlichen C-H-Kettenlängen (OPA, DPA, nDP), einem Additiv mit positiv geladener Endgruppe, 1-Dodecyl-Trimethylammoniumchlorid (MAC), und verschiedene kommerzielle Additive aus der Metalliclack- (D655, D750, W500) und der Aluminiumoxidkeramikherstellung (Dolapix). Da die Löslichkeit der Phosphonsäuren sehr stark vom pH-Wert abhängig ist, wurde im Unterschied zu SDS für die DPA- und OPA-Beschichtung vorab eine Ethanol-Additivmischung hergestellt, die Partikel dieser zugesetzt und für 48 Stunden bei RT gerührt, damit das Additiv auf die Oberfläche der Partikel aufziehen kann. Anschließend wurde in einer Zentrifuge bei 1500 U/min Alkohol und überschüssiges Tensid von den beschichteten Partikeln getrennt und die Partikel daraufhin dem Elektrolyten zugegeben.

Zweck der Additivverwendung ist, eine chemische Stabilisierung und kolloidale Verteilung der zugesetzten Partikel zu erreichen. Eine kolloidale Verteilung der Al-Nanopartikel in wässriger Lösung ist nur dann stabil, wenn die Teilchen durch abstoßende Kräfte auseinandergehalten, oder durch auf der Oberfläche aufgebrachte bzw. befindliche Makromoleküle auf Abstand gehalten werden.

Bei der hier gewählten Nickelabscheidung aus einem Sulfat-Ansatz hat der pH-Wert des Elektrolyten einen starken Einfluss auf die Abscheidung. Je saurer der Elektrolyt ist (pH 6-pH 2), um so höher ist die zu erzielende Stromausbeute und dementsprechend die Abscheiderate der Abscheidung. Wird der Elektrolyt jedoch zu sauer, wirkt sich das negativ auf die Stabilität der zugesetzten Al-Partikel aus, diese beginnen sich im Elektrolyten aufzulösen. Daher darf die Ni-Al-Abscheidung nicht im stark sauren pH-Bereich durchgeführt werden. Auch zeigt ein zu saurer pH-Wert einen Einfluss auf die Festigkeit des erzeugten Nickels. Ebrahimi (34) konnte eine deutliche Verminderung der Zugfestigkeit von elektrochemisch abgeschiedenem Ni-

Tabelle 2.2: Partikel und Additive zur Ni-Al-Dispersionsabscheidung

Partikel			
Bezeichnung	Formel	Zulieferer	Menge [g/l]
Al nano 100	Al	Omicron	10-30
Al nano 60-80	Al	iolitec	10-30
Titan 60-80	Ti	iolitec	10-30
Additive Reinstoffe			
Bezeichnung	Summenformel	Zulieferer	Konz. [g/l]
SDS	$C_{12}H_{25}SO_4Na$	Merck	0,02-0,18(10g Al)
nDP	$C_{12}H_{27}PO_4$	ABCR	0,1(10g Al)
DPA	$C_{12}H_{27}PO_3$	ABCR	0,1(10g Al)
OPA	$C_{15}H_{34}ClN$	ABCR	0,1(10g Al)
MAC	$C_8H_{19}PO_3$	ABCR	0,1(10g Al)
Additive kommerzielle Anbieter			
D655	unbekannt	degussa	0,1(10g Al)
W500	unbekannt	degussa	0,1(10g Al)
W750	unbekannt	degussa	0,1(10g Al)
Dolapix	unbekannt	Zsch.&Schw.	0,1(10g Al)

ckel bei pH-Werten unterhalb 4,5 zeigen. Änderungen des pH-Wertes in den neutralen bis basischen Bereich führt zu Ausfällungen von Nickelhydroxid $Ni(OH)_2$, das in wässriger Lösung nahezu unlöslich ist. Wird dieser Feststoff in die erzeugte Schicht mit eingebaut, wirkt er versprödend und nimmt Einfluss auf die Festigkeitseigenschaften des abgeschiedenen Materials.

Daher wurden die Prozessparameter wie in Tab. 2.3 beschrieben gewählt.

Tabelle 2.3: Prozessparameter der Ni-Al-Abscheidung

Parameter	Wert	**Parameter**	Wert
Stromdichte	$1\text{-}2\ A/dm^2$	Wachstumsrate	$400\ nm/min$
Temperatur	$35\ °C \pm 1$	Zeit	$5\ h$
Rührgeschwindigkeit	$250\ U/min$	Dicke	ca $100\ \mu m$
pH-Wert	5,5-5,0		

Die Wechselwirkungen zwischen Al-Partikeln, Elektrolyt und Additiv wurden über Versuchsreihen mit unterschiedlichen Tensiden und Tensid-/Partikelkonzentrationen untersucht. Durch Variation von Stromdichte, Abscheiderate, pH-Wert, Rührgeschwindigkeiten und Partikelkonzentrationen wurde versucht, alle Parameter der Dispersionsabscheidung Ni-Al zur Herstellung stabiler Schichten und Mikrobauteile zu optimieren. Dazu wurden der Al-Gehalt der abgeschiedenen Schichten, die Oberflächenrauheit, die Porosität und die Dispersion der Partikel im Material bewertet. Um die zeitliche Stabilität der Elektrolyten zu untersuchen, wurden auch aus älteren Elektrolyten Abscheidungen durchgeführt und die Schichtqualität bewertet.

2.2 Herstellung der Mikro-Prüfkörper

2.2.1 Erzeugung von Mikrozugprüfkörpern und TEM-Prüfkörpern mit dem LIGA-Verfahren

Das LIGA-Verfahren ermöglicht mit niedrigem Kosteneisatz die Massenproduktion von Mikrobauteilen. Heute wird das LIGA-Verfahren hauptsächlich in der Herstellung und der Abformtechnik von Mikrosystembauteilen verwendet. Zur Untersuchung der Materialeigenschaften der hergestellten Ni-Al-Legierung wurden nach dem LIGA-Verfahren in einem strukturierten Substrat Mikrozug- und TEM-Proben abgeschieden. Eine Detailzeichnung der Mikrozugproben in „Hundeknochenform" ist in Abbildung 2.3 dargestellt. Die Probenlänge beträgt 3,9 *mm*, die Messlänge 0,8 *mm*. Die Stegbreite in der Messlänge beträgt 0,3 *mm*.

Die Herstellung der Mikroprüfkörper (MPK) erfolgte nach dem in Abb. 2.4, links dargestellten Verfahren. Als Substrat wurde ein mit Titan beschichteter und anschließend oxidierter Silizium-Wafer (1)+(2) eingesetzt. Auf diesen wurde ein PMMA-Resist mit einer Dicke von 300 - 350 μm aufgeklebt (3). Mittels einer Goldmaske (hier Maske 1039_00_A0 für Mikrozugproben) [Abb. 2.4, rechts] und der Röntgenstrahlung der Synchrotronquelle ANKA, Karlsruhe, mit einer Wellenlänge kleiner als 0,3 nm wurde

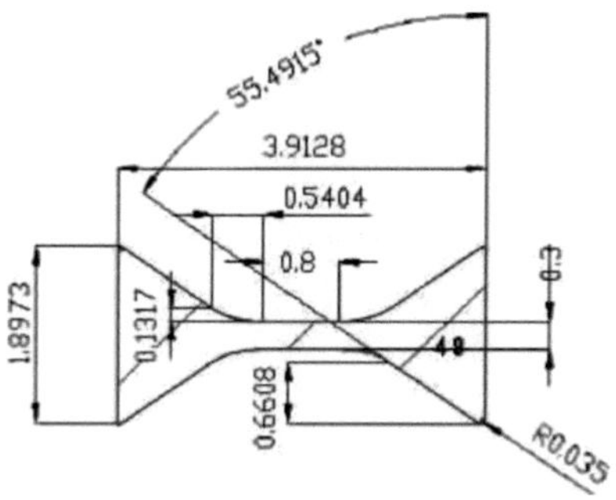

Abb. 2.3: Detailzeichnung der Mikrozugproben (49)

das Strukturabbild auf den Resist (PMMA) übertragen (4). Die Röntgenstrahlung verursacht in den belichteten Bereichen des PMMA strukturelle Veränderungen - Brüche in den Molekülketten -, was zu einer Änderung des Molekulargewichts führt. Mit einem geeigneten Lösungsmittel lassen sich diese belichteten Bereiche entfernen, so dass die Primärstruktur der MPK's als Abbild der Maske im PMMA übrig bleibt (5).

Um das beschädigungsfreie Ablösen der MPK's zu ermöglichen, wurde zu Beginn eine Opferschicht aus Kupfer [Tab. 2.4, 2.5] mit einer Dicke von 10 μm aufgebracht.

Vor der Dispersionsabscheidung wurden alle Elektrolyten für 15 Minuten mit einem Miccra D15 High Speed Dispergierer bei einer Umdrehungszahl von 20000 U/Min dispergiert, anschließend folgte die Abscheidung der Ni-Al-Kompositschicht (6) in die Mikrostruktur. Nach der Abscheidung wurde der Wafer in Isopropanol gereinigt und die Schichthöhe vermessen. Im Anschluss an eine Flutbelichtung im Synchrotron konnte der strukturierte Resist im Entwickler gestrippt werden(7), wodurch man eine freistehende Sekundärstruktur aus abgeschiedenem Ni-Al erhielt.

Durch Ätzen der Opferschicht aus Kupfer mit ammoniakialischer Cu-Ätze konnten die abgeschiedenen MPK von dem Substrat gelöst und vereinzelt werden (8).

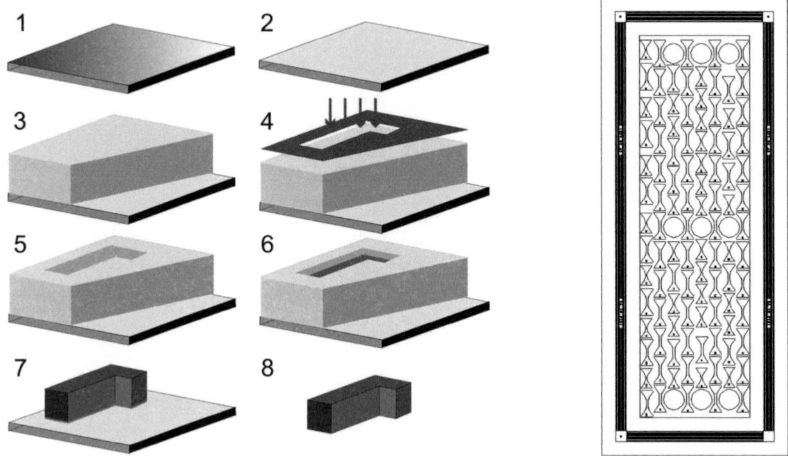

Abb. 2.4: Ablauf der Probenherstellung nach dem LIGA-Verfahren (links), layout
1039_00_A0(IMT-Bez.) für Mikrozugproben (rechts)

Tabelle 2.4: Elektrolyt-Zusammensetzung der Kupferabscheidung

Kupfer-Elektrolyt			
Bezeichnung	Summenformel	Zulieferer	Konzentration
Kupfersulfat p.a.	$CuSO_4 5H_2O$	Merck	250 g/l
Schwefelsäure conc. 65% p.a.	H_2SO_4	Merck	60 g/l
Natriumchlorid p.a.	NaCl	Merck	80 mg/l
Additive			
Art	Bezeichnung	Zulieferer	Menge [ml]
Grundglänzer	Primus	Hesse & Cie	9
Glanzzusatz	Primus	Hesse & Cie	0,6
Einebner	Primus	Hesse & Cie	0,6

Tabelle 2.5: Prozessparameter der Cu-Abscheidung

Parameter	Wert	**Parameter**	Wert
Stromdichte	$4\,A/dm^2$	Wachstumsrate	$500\,nm/min$
Temperatur	$20\,°C \pm 1$	Zeit	$20\,min$
Rührgeschwindigkeit	$100\,U/min$	Dicke	ca $10\,\mu m$

Die Substrate zur Abscheidung der TEM-Scheiben wurden nicht wie die Mikrozugproben über Synchrotron-Belichtung hergestellt, sondern mittels eines Laserschreibers. Dazu wurde ein Si-Substrat nach Beschichtung und Oxidation von Ti mit einem MR-L 50-Resist (Basis SU-8) beklebt, der mit einem Laserschreiber (DWL 66, Heidelberg Instruments Mikrotechnik GmbH) mit einer Laserleistung von 250mW mit Layout 08-779P-15 [Abb.2.5] beschrieben wurde. Zur Kennung der Proben wurde ein Code eingebracht, damit die Scheiben später in der Charakterisierung einer Eintauchtiefe im Elektrolyten zugeordnet werden konnten.

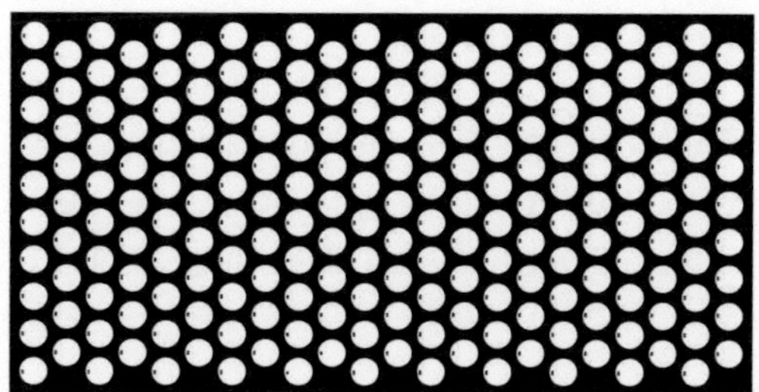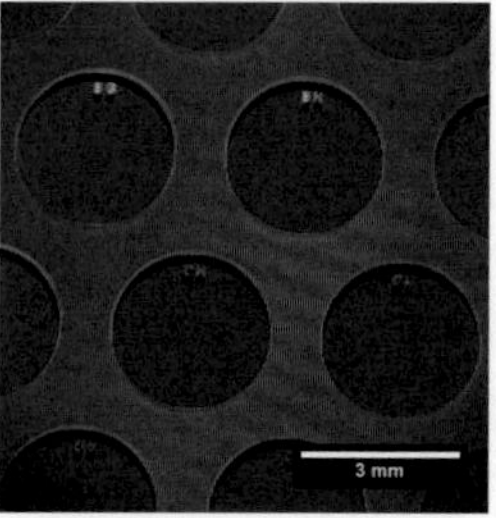

Abb. 2.5: Layout der TEM-Struktur für den Laser-Schreibprozess (links), Detail (rechts)

Nach dem Strukturieren mittels Laser wurde das Substrat in PGMA (2-Methoxy-1-Methylethyl-Acetat) entwickelt, mit Isopropanol gereinigt und ausgebacken. Die Abscheidung der Kupfer-Opferschicht und Ni-Al erfolgte nach gleichem Schema wie bei den Mikrozugproben.

Um das Potential der Ni-Al Partikelmitabscheidung zu überprüfen, wurde in ein Test-Substrat mit unterschiedlichen Kavitätengrößen abgeschieden

[Abb. 2.6]. Durch die verschiedenen Kavitätenformen und -größen soll die Mitabscheiderate von Al-Partikeln in die Nickelmatrix in Abhängigkeit von der Kavität untersucht werden.

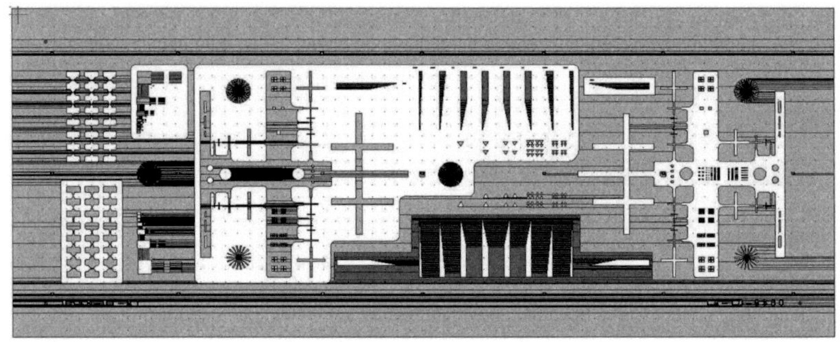

Abb. 2.6: Test-Layout 0649_01_A1(IMT-Bez.)

2.3 Wärmebehandlung der Ni-Al-Komposite

Mittels Diffusion soll aus dem Ni-Al-Komposit ein Ni-Al-Mischkristall mit γ'-Ausscheidungen erzeugt werden. Dazu muss das metallische Aluminium der Al-Partikel in die Nickelmatrix diffundieren, und ebenso das Nickel in die Al-Partikel.

Die Umwandlung des Ni-Al-Komposits zu einem $\gamma - \gamma'$-Mischkristall erfolgt dabei über eine zweistufige Wärmebehandlung: ein Lösungsglühen, um die Al-Partikel in der Ni-Matrix aufzulösen und ein Auslagern bei niedrigeren Temperaturen, um die γ'-Ausscheidungen in der Mischkristallmatrix Ni-Al zu erzeugen. Dazu wurde zu Beginn eine mehrstündige Hochtemperatur-Normalisierung in Vakuum durchgeführt, am Ende wurde beschleunigt abgekühlt, um einen metastabilen Ni(Al)-Mischkristall zu erhalten. Dieser wurde anschließend ebenso im Vakuum nach langsamem Aufheizen auf Temperaturen von 500 °C bis 750 °C für bis zu 196 Stunden ausgelagert und langsam abgekühlt [Abb. 2.7].

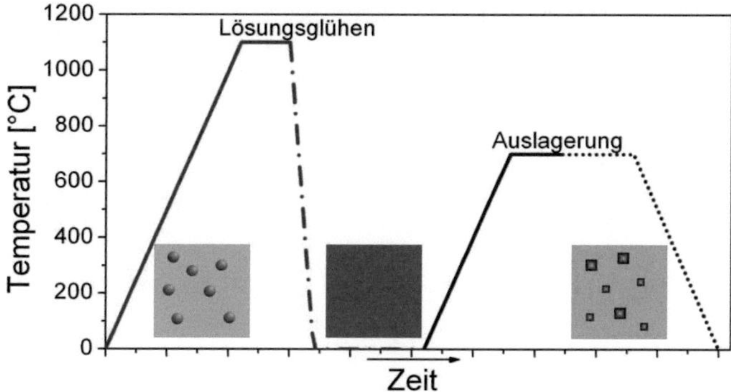

Abb. 2.7: Temperatur-Zeit-Diagramm der Wärmebehandlung Ni-Al; Gefüge vor Wärmebehandlung (links), metastabiles Ni(Al) (Mitte), $\gamma - \gamma'$-Mischkristall (rechts)

Zur einfachen Bestimmung der Wärmebehandlungszeit wurde ein Core-Shell-Modell aufgestellt und angewendet (49) [Abb. 2.8]. Dabei wird davon

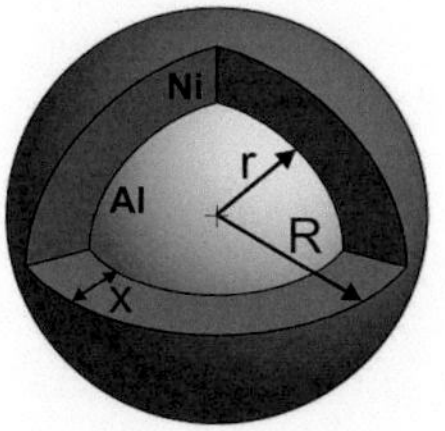

Abb. 2.8: Core-Shell-Modell zur Diffusion von Al in Nickel

ausgegangen, dass für die Bildung von γ'-Ausscheidungen mindestens die dreifache Stoffmenge an Nickelatomen um das Al-Partikel benötigt wird, um die gesamte Al-Menge zu Ni_3Al umzuwandeln.

$$n_{Al} = \frac{1}{3} n_{Ni} \qquad (2.3)$$

Mit den Zusammenhängen für die Teilchenzahl n_x mit Dichte ρ_x, Volumen V_x und Atomgewicht M_x

$$n_{Ni} = \frac{\rho_{Ni} \cdot V_{Ni}}{M_{Ni}}, n_{Al} = \frac{\rho_{Al} \cdot V_{Al}}{M_{Al}} \tag{2.4}$$

folgt

$$\frac{\rho_{Al} \cdot V_{Al}}{M_{Al}} = \frac{1}{3} \frac{\rho_{Ni} \cdot V_{Ni}}{M_{Ni}} = \frac{1}{3} \frac{\rho_{Ni} \cdot \frac{4}{3} \pi r_{Ni}^3}{M_{Ni}} \tag{2.5}$$

mit

$$V_{Al} = \frac{4}{3} \pi r_{Al}^3, V_{Ni} = \frac{4}{3} \pi r_{Ni} . \tag{2.6}$$

Mit $r_{Ni} = x_{D,Al} =$ Diffusionsweg des Al in *nm* folgt

$$\frac{\rho_{Al} \cdot \frac{4}{3} \pi r_{Al}^3}{M_{Al}} = \frac{4}{9} \pi \cdot \frac{\rho_{Ni} \cdot (x_{D,Al})^3}{M_{Ni}} \tag{2.7}$$

$$\sqrt[3]{\frac{\rho_{Al}}{\rho_{Ni}} \cdot \frac{M_{Ni}}{M_{Al}} \cdot 3 r_{Al,n}^3} = x_{Ni} . \tag{2.8}$$

Mit der Diffusionsgleichung

$$\frac{x}{2} = \sqrt{D_{Al \to Ni} \cdot t} \tag{2.9}$$

wobei $D_{Al \to Ni}$ Diffusionskoeffizient und t Zeit in Sekunden sind, folgt für die Homogenisierungszeit t

$$t = \frac{x_{Ni}^2}{4 \cdot D_{Al \to Ni}} = \frac{\sqrt[\frac{2}{3}]{\frac{\rho_{Al}}{\rho_{Ni}} \cdot \frac{M_{Ni}}{M_{Al}} \cdot 3 r_{Al,n}^3}}{4 \cdot D_{Al \to Ni}} \tag{2.10}$$

Die Daten des Diffusionskoeffizienten $D_{Al \to Ni}$ können aus Literaturdaten entnommen werden [Abb. 2.9] (17). Da der Diffusionskoeffizient D phasenabhängig ist, und das Aluminium durch alle Phasen diffundieren muss, wurden die Berechnungen mit Diffusionskoeffizienten von $D = 1\text{E}^{-12} m^2 s^{-1}$ bis $D = 1\text{E}^{-18} m^2 s^{-1}$ durchgeführt.

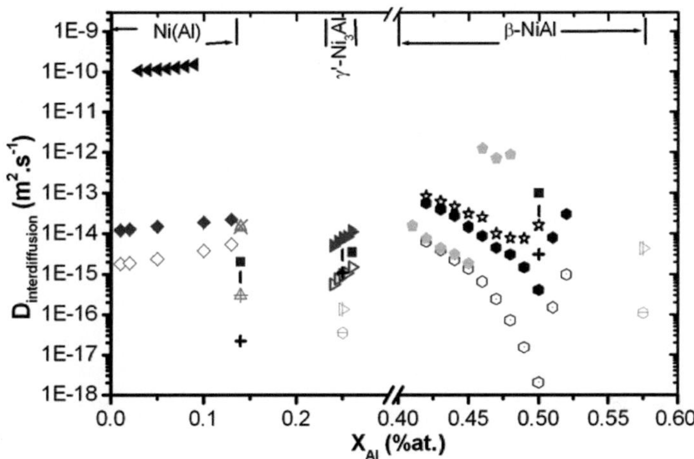

Abb. 2.9: Werte des Interdiffusionskoeffizienten von Al in Nickel von 800 °C bis 1100 °C (17)

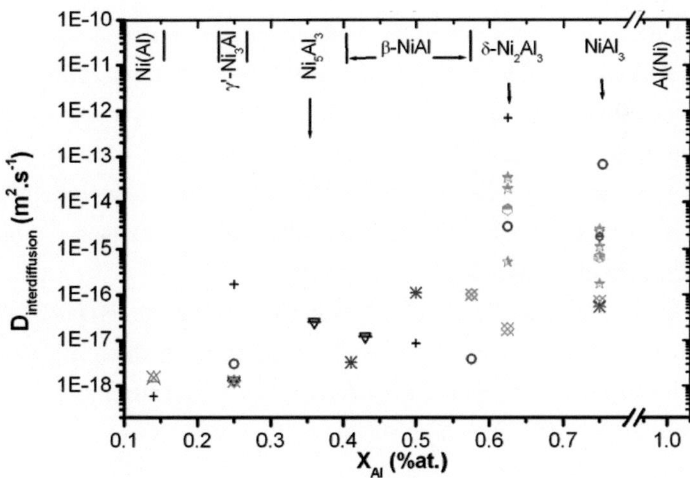

Abb. 2.10: Werte des Interdiffusionskoeffizienten von Al in Nickel bei T < 800 °C (17)

Die Auslagerung zur Bildung der γ'-Ausscheidungen findet bei tieferen Temperaturen unterhalb der Solvus-Temperatur der γ'-Phase statt [vgl. Abb. 1.7], die Auslagerungszeit muss aufgrund der Temperaturabhängigkeit der Diffusion mit einem anderen Diffusionskoeffizienten D_A für tiefere Temperaturen berechnet werden [Abb. 2.10]. Durch die niedrigere Temperatur läuft die Leerstellendiffusion deutlich langsamer ab, so dass nur mit Ausscheidungen in *nm*-Abmessungen gerechnet werden kann.

Unter Diffusion versteht man den Materialtransport in Stoffen in Folge der Wärmebewegung der einzelnen Atome, bei Gemischen in Folge eines Konzentrationsgradienten. Über das *erste Ficksche Gesetz* lässt sich mit D = Diffusionskoeffizient $[cm^2/s]$ der Materialfluss J beschreiben (68), (29):

$$J = \frac{1}{A} \cdot \frac{dN}{dt} = -D\frac{\partial c}{\partial x} \qquad (2.11)$$

mit A Übergangsfläche, N Teilchenzahl, t Zeit, $\frac{\partial c}{\partial x}$ örtliche Konzentrationsänderung.

Die Diffusion in Festkörpern kann nur über die Wanderung von Leerstellen im Atomgitter oder über Zwischengitterplätze ablaufen, direkte Platzwechsel sind aufgrund der zu hohen resultierenden Gitterverzerrungen nicht möglich. Grenzflächen wie Korngrenzen, Phasengrenzen oder Oberflächen stellen grobe Störungen des idealen Kristallaufbaus mit einer großen Anzahl von Leerstellen dar, so dass die Diffusion über diese Grenzflächen erheblich schneller abläuft als durch das Volumen der Körner.

Das *erste Ficksche Gesetz* (2.11) kann in das *zweite Ficksche Gesetz* (2.13) zur Bestimmung der Konzentration überführt werden mit dem Zusammenhang, dass die zeitliche Änderung der Konzentration gleich dem negativen örtlichen Diffusionsstrom ist,

$$\frac{\partial c}{\partial t} = -\frac{\partial j}{\partial x} \qquad (2.12)$$

Man erhält

$$\frac{\partial c}{\partial t} = \frac{\partial}{\partial x}\left[D \cdot \frac{\partial c}{\partial x}\right] \tag{2.13}$$

Mit den Annahmen, dass D nicht von der Konzentration abhängt, und für t=0 gilt: $c = c_1(x > 0)$ und $c = c_2(x < 0)$, lässt sich die Konzentration $c(x,t)$ durch die Lösung des *zweiten Fickschen Gesetzes* 2.13 bestimmen:

$$c(x,t) = c_1 + \frac{(c_2 - c_1)}{2} \cdot (1 - \Psi(\frac{x}{2\sqrt{Dt}})) \tag{2.14}$$

mit $\Psi(\frac{x}{2\sqrt{Dt}})$ Gaußsches Fehlerintegral.

Geht man davon aus, dass die Diffusion in diesem Fall ein lineares Problem ist, und die Partikel ideal im Komopsit verteilt sind, lässt sich mit dieser Berechnung der Diffusionsfortschritt im Fall einer endlichen Al-Quelle berechnen bzw. simulieren.

Schwierig zu kalkulieren ist die Zeit, die benötigt wird, um die natürliche Oxid-Hülle um die Al-Partikel aus Al_2O_3 aufzubrechen, damit das Aluminium diffundieren kann, hier wurde ein analytischer Ansatz über die thermische Ausdehnung verfolgt und mittels FE-Simulation überprüft.

2.4 Mikrostrukturelle Untersuchungen

Lichtmikroskopische Untersuchungen: Mikroskopische Untersuchungen zur Korngrößenbestimmung und zur Ermittlung erster Hinweise auf die Mikrostruktur wurden an einem Zeiss Lichtmikroskop vorgenommen mit einer maximalen Vergrößerung von 200. Um Schliffe der Schichten zum Anätzen der Korngrenzen herzustellen, wurden die Schichten in Epoxydharz eingegossen, mit SiC-Schleifpapier von Körnung 180 bis 2000 geschliffen und mit Diamantsuspension mit einer Korngröße von 9, 6, 3 und 1 μm poliert. Anschließend wurden einige der Schliffe teilweise in einer konventionellen Nickelätze (50 *ml* Salpetersäure, 50 *ml* Eisessig) (117) angeätzt.

Rasterelektronenmikroskop (SEM)-Untersuchungen mit Energiedisperser Röntgenspektroskopie (EDS): SEM-Untersuchungen wurden an einem Bruker scanning electron microscope mit energy dispersive spectroscopy (EDS) durchgeführt. Es wurden sowohl die Oberflächen als auch wie oben angefertigte Schliffe der Schichten untersucht. Die EDS-Messungen wurden bei 30 kV bei einem Abstand von 10 mm durchgeführt.

Fokussierter Ionenstrahl (FIB)-Untersuchungen: Zur Anfertigung der TEM-Lamellen und der Schnitte zur Darstellung der Mikrostruktur wurde ein Dual Beam FIB Nova 200 von FEI eingesetzt. Die Schnitte und Lamellen wurden mit einem Ga-Ionenstrahl mit 30 kV und einem Strahlstrom von 0,3-0,5 nA aus der Messstrecke der Mikrozugproben in einer Größe von etwa 25-100 μm^2 gesetzt bzw. entnommen. Zur Darstellung der Mikrostruktur wurde der Schnitt anschließend mit einem Strahlstrom von 10-50 pA bestrahlt.

Transmissionselektronmikroskopie (TEM)-Untersuchungen: Zur Aufnahme der TEM-Bilder wurde an der Johns Hopkins Universität in Baltimore das Philips Tecnai F20 und ein Philips Tecnai EM420 am KIT eingesetzt. Dazu wurden die abgeschiedenen TEM-Scheiben auf eine Dicke von ca. 30-50 μm geschliffen und anschließend mit einem Tenopol-5 unter Verwendung eines Elektrolyten aus 85 % Ethanol und 15 % Perchlorsäure elektrochemisch gedünnt. Die Ätzparameter waren: Spannung 7 V und Temperatur T=-10 °C sowie Spannung 20 V und Temperatur -30 °C. Ausserdem wurden die im FIB präparierten Proben der wärmebehandelten und nicht wärmebehandelten Schichten bzw. MPK untersucht.

Energiegefilterte Transmissionselektronmikroskopie (EFTEM)-Untersuchungen: Die EFTEM-Untersuchungen wurden ebenfalls am TEM Philips Tecnai EM420 am KIT durchgeführt. Bei diesem Verfahren werden nur Elektronen bestimmter Bewegungsenergie zur Bilderzeugung zugelassen. Dieses Abbildungsverfahren ermöglicht, die Verteilung von Elementen in der Probe bildlich sichtbar zu machen. Die Probenvorbereitung ist identisch zu der der TEM-Untersuchung.

Röntgenbeugungs (XRD)-Untersuchungen: Die röntgendiffraktometrischen Untersuchungen erfolgten an einem SIEMENS D500 Difftaktometer mit $2\theta = 20°$ - $55°$, Schrittweite $0.02°$ und 8 sec Messzeit an abgeschiedenen und wärmebehandelten Schichten der Größe 100 mm^2 und 100 μm Dicke sowie an wärmebehandelten TEM-Scheiben. Anhand der Ergebnisse der XRD-Untersuchungen können Rückschlüsse auf die Kristallstruktur und somit auf den Phasengehalt von kristallinen Strukturen gezogen werden.

Röntgenphotoelektronenspektroskopie (XPS)-Untersuchungen: Zur chemischen Charakterisierung der zugesetzten Al-Partikel und zur Überprüfung der Stabilität wurden die Partikel und die abgeschiedenen Schichten bzw. MPK's mit einen K-Alpha XPS-Spektrometer (ThermoFisher Scientific, East Grinstead, UK) untersucht, die Datenerfassung und Auswertung wurde mit der Thermo Avantage Software durchgeführt (114).

2.5 Charakterisierung der mechanischen Eigenschaften

2.5.1 Bestimmung der Mikrohärte

Zur Bestimmung der Härte wurden die Mikrozugproben mit einem Mikroindenter (Nano Indenter XP, Agilent, Santa Clara, CA, USA) ausgewertet. Dazu wuden die Proben mit Diamantsuspension bis Größe 0,3 μm poliert, auf einem Edelstahlträger montiert und mit einer Eindringkraft beaufschlagt. Bei diesem Verfahren wird die aufgebrachte Kraft sowie die Verschiebung des Prüfkörpers kontinuierlich während des Eindruckexperiments aufgezeichnet. Aus den Kraft-Verschiebungs-Daten und der Spitzengeometrie wird die Kontaktfläche bestimmt, anschließend lässt sich über die Größe und Tiefe der Endrücke und die benötigte Kraft die Härte nach Berkovich bestimmen.

2.5.2 Zugversuch nach DIN EN 10002

Der Zugversuch gilt als der wichtigste Versuch der mechanischen Werkstoffprüfung. Mit ihm lassen sich die Festigkeits- und Verformungseigenschaften unter momentfreier, monoton ansteigender Zugbelastung ermitteln.

Dadurch erhält man Kennwerte zur Festigkeit und zum Formänderungsver-
mögen eines Werkstoffs.

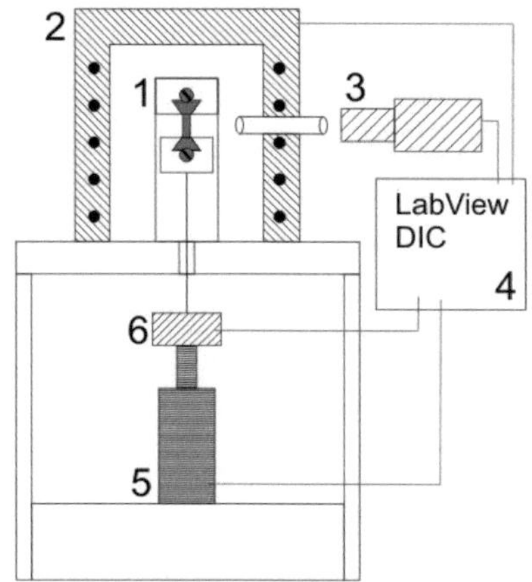

Abb. 2.11: Mikrozugversuch - schematischer Versuchsaufbau (links), Messaufbau
(rechts)

1. Zugprobe in Aufnahme

2. Ofen mit Temperaturregler (JUMO)

3. Kamera (Allied vision technologies)

4. Controller (PI), Steuerung mit LabView

5. Linearmotor (PI), max. 120 N

6. Kraftmesszelle (ME-Messsysteme), max. 200 N

Der Zugversuch ist standardisiert und über DIN EN 10002 genormt (4).
Die Norm enthält neben den Vorgaben zu der Versuchsdurchführung und
-auswertung auch Definitionen zur Werkstoffgeometrie. Durchgeführt wurden die Mikrozugversuche an einem am KIT entwickelten Mikrozugprüf-
stand, der über einen Strahlungsofen auf Temperaturen bis zu 1100 °C aufgeheizt werden kann [Abb. 2.11].

Zur Messung wurden die Proben zu Beginn unter dem Lichtmikroskop ausgemessen, um die genaue Probengeometrie in der Messstrecke zu bestimmen. Anschließend wurde die Probe im Messaufbau installiert und der Ofen auf Prüftemperatur gebracht. Die Ofentemperatur wurde mit einem Thermoelement in der Ofenwand und einem JUMO 316 Regler geregelt und mit einem zweiten Thermoelement in Probennähe überwacht.

Nach Erreichen und stabilem Halten der Prüftemperatur wurde die Probe mit konstanter Verfahrgeschwindigkeit $\dot{x} = 0{,}01$ mm/s einachsig bis zum Bruch gezogen. Die Kraftwerte wurden über eine Kraftmesszelle (KM26z-0,2kN, ME-Messsysteme) aufgenommen und mittels Hottinger Messverstärker und eines LabView-Programms aufgezeichnet. Da die Dehnungsmessung mittels Dehnungsaufnehmer bei kleiner Probengeometrie nur sehr schwer realisierbar ist, wurde zur Dehnungsmessung auf die berührungslose digitale Bildkorrelation DIC zurückgegriffen. Der Verformungsvorgang wurde dazu mit einer Digitalkamera (Pike 505, Allied Vision Technology) mit einem Bild pro Sekunde aufgenommen. Die Bilder wurden anschließend unter Verwendung eines Codes für MATLAB über die Bildkorrelation ausgewertet (3). Dabei wurden über einen Korrelationskoeffizient aus den gemessenen Pixelkoordinaten der Bilder Verschiebungen und Dehnungen in der Bauteiloberfläche mit hoher Präzision berechnet. Anschließend wurden die Spannungswerte mit den über DIC ermittelten Dehnungswerten in Spannungs-Dehnungskurven dargestellt. Aus diesen konnten die Werkstoffparameter wie E-Modul, Zugfestigkeit, 0,2%-Dehngrenze und Bruchdehnung ermittelt werden.

Eine Auswertung über das *Ramberg-Osgood*-Gesetz

$$\varepsilon = \frac{\sigma_w}{E} + \left(\frac{\sigma_w}{K}\right)^{\frac{1}{n}} \tag{2.15}$$

mit σ_w=wahre Spannung, K=Maß für die Festigkeit und n=Verfestigungsexponent lässt durch Approximation der erhaltenen Zugverfestigungskurven Aussagen über das Verfestigungsverhalten des Werkstoffes zu (121).

2.5.3 Der Kriechversuch

Der Unterschied zwischen dem Kriechversuch und dem Zugversuch besteht darin, dass die Probe nicht mit einer veränderlichen, sondern mit einer konstanten Last, meist unterhalb der Streckgrenze $R_{p0,2}$, beaufschlagt wird. In Verbindung mit einer Temperaturbelastung $T/T_m \geq 0,3$ bis $0,4$ wird der Widerstand des Werkstoffs gegen plastisches Fließen untersucht. Ergebnis dieses Versuchs ist die Kriechkurve mit Dehnung ε des Bauteils über der Zeit t [Abb. 2.12], wobei ebenso die Dehngeschwindigkeit $\dot{\varepsilon}$ aufgetragen werden kann. In der Regel lassen sich die Kriechkurven in drei Teilbereiche glie-

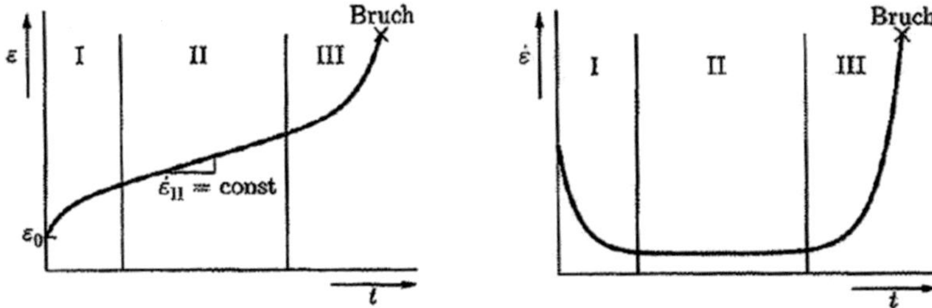

Abb. 2.12: Kriechkurve (links) und Kriechrate (rechts) (121)

dern: dem primären, sekundären und tertiären Kriechen. Bei Beaufschlagung mit einer Last reagiert der Werkstoff mit einer teils elastischen, teils plastischen Anfangsdehnung ε_0, auf die das primäre Kriechverhalten folgt. Hier erhöht sich im Material zunächst die Anzahl der Versetzungen, so dass es dadurch zu einer Verfestigung und zu einer kontinuierlichen Abnahme der Dehngeschwindigkeit $\dot{\varepsilon}$ kommt. Im sekundären Bereich stellt sich eine konstante Kriechgeschwindigkeit $\dot{\varepsilon}_S$ ein, die dann im tertiären Bereich stark zunimmt, bis es zum Bruchversagen der Probe kommt. Primäres und sekundäres Kriechen lassen sich mit Hilfe des exponentiellen Ansatz von Garofalo beschreiben (121):

$$\varepsilon(t) = \varepsilon_0 + \varepsilon_t \left(1 - e^{-rt}\right) + \dot{\varepsilon}_S t \qquad (2.16)$$

ε_0 ist die Anfangsdehnung, $\varepsilon_t\,(1 - e^{-rt})$ beschreibt das Kriechen mit r=Geschwindigkeitskonstante und $\dot{\varepsilon}_S$ ist die konstante Kriechgeschwindigkeit im sekundären Bereich. Die Kriechrate im sekundären Bereich hängt dabei mit einem Potenzgesetz (*power-law creep* oder *Norton-Kriechen*) von der Spannung sowie exponentiell von der Temperatur ab mit (121):

$$\dot{\varepsilon}_S = A\sigma^n exp\left(-\frac{Q}{RT}\right), \qquad (2.17)$$

dabei ist A eine vom Werkstoffzustand abhängige Konstante, n Kriech- oder Spannungsexponent und Q Kriechaktivierungsenergie, die in kristallinen Stoffen ähnlich der Aktivierungsenergie für Selbstdiffusion ist (121). Somit kann Kriechen als thermisch aktivierter Vorgang angesehen werden (121).

Da das Kriechen über Leerstellendiffusion stattfindet und mit der Temperatur auch die Anzahl der Leerstellen steigt, sind je nach Temperatur verschiedene Kriechmechanismen dominierend. In den Deformations-Mechanismus-Karten nach Ashby, hier am Beispiel für reines Nickel mit unterschiedlicher Korngröße [Abb. 2.13] sind diese Mechanismen aufgezeigt (42). Neben dem Versetzungskriechen tritt bei hohen Temperaturen das Coble-Kriechen auf, ein auf Diffusion basierender Kriechmechanismus entlang der Korngrenzen, der bei weiterer Temperaturzunahme in das Nabarro-Herring-Kriechen übergeht, bei dem auch die Diffusion durch das Volumen möglich ist.

Es ist zu erkennen, dass bei reinem Nickel das Versetzungskriechen, in Abhängigkeit von der Korngröße, schon bei Temperaturen ab 100 °C einsetzt (vergl. Abb. 1.6). Dazu im Vergleich zeigen Nickel-Superlegierungen beginnendes Versetzungskriechen erst ab einer homologen Temperatur von 0,3 und höher (42).

Zu Beginn des Kriechversuchs wurden die Proben unter dem Lichtmikroskop ausgemessen und mit der Vergleichsspannung die benötigte Kraft berechnet, mit der die Probe beaufschlagt werden sollte. Nach Einbau der Probe wurde diese auf Prüftemperatur aufgeheizt und mit der vorher kalku-

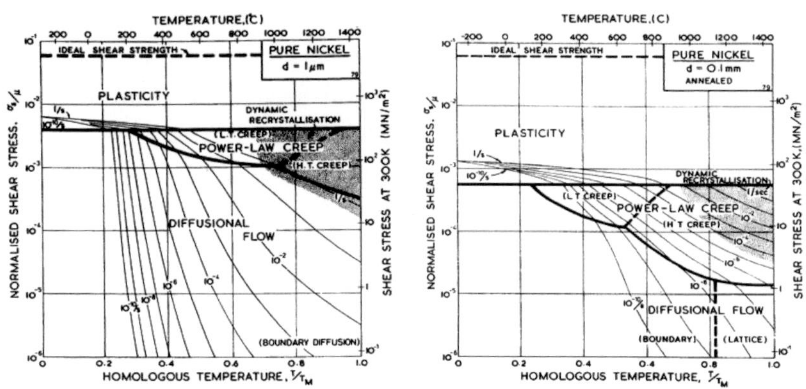

Abb. 2.13: Deformations-Mechanismus-Diagramm für reinen Nickel mit Korngröße
1 μm (links), 100 μm (rechts) (42)

lierten Kraft G_{spez} belastet. Während des Versuchs wurden Bilder zur Dehnungsmessung über DIC mit einer Rate von 1/*min* mit einer Digitalkamera (Pike 505 Allied Vision Technology) aufgenommen. Anschließend wurden die Bilddaten mittels des DIC-Codes in MATLAB ausgewertet und mit Dehnung ε über Zeit t dargestellt. Durch Ableitung der Dehnungswerte nach der Zeit ließ sich die Dehnrate $\dot{\varepsilon}$ bestimmen. Über den Ansatz von Garofalo und dem *power-law creep*-Gesetz wurde die Aktivierungsenergie und der Spannungsexponent bestimmt.

3 Ergebnisse der Kompositabscheidung

3.1 Elektrochemische Schicht-Abscheidung aus Sulfat-Ansatz

Die Verwendung von Aluminium-Nanopartikeln in wässrigen Lösungen bedarf einer sorgfältigen Vorbereitung des Elektrolytansatzes. Ein Elektrolyt nach Watts wurde in der Untersuchung von Oxidationsschutzschichten für heißgehehnde Turbinenteile von anderen Gruppen erfolgreich eingesetzt (167), dieser Elektrolyt wurde für die Herstellung der Ni-Al-Mikroprüfkörper übernommen und verbessert. Um die Stabilisierung der Partikel im Elektrolyten zu optimieren und die Einbaurate der Partikel in die Schicht zu erhöhen, wurde die Tauglichkeit zusätzlicher Additive überprüft. (49) konnte durch ihre Untersuchungen zur Schichtabscheidung von Ni-Al die Verwendbarkeit von Citraten zur Stabilisierung der Al-Partikel ausschließen, da die Zusammensetzung in Verbindung mit Nickelbromid zu einer Oxidation der Partikel führte.

3.1.1 Aufzugsverhalten der Additive

Um das Aufzugsverhalten der Additive Natrium-Dodecylsulfat SDS, Oktyl- und Dodecylphosphonsäure OPA bzw. DPA auf die Al-Partikel zu untersuchen, wurde eine Oberflächenspannungsmessung nach der Blasendruckmethode durchgeführt. Die Messungen in Wasser lieferten nur kurzzeitige Ergebnisse, da die Partikel innerhalb weniger Stunden vollständig oxidiert wurden. Eine Änderung der Oberflächenspannung in Wasser ist nur minimal feststellbar [Abb. 3.1]. Bei Zugabe von SDS zum Nickelelektrolyten hingegen fällt die Oberflächenspannung deutlich ab. Nach Zugabe der Al-Partikel steigt die Spannung mit zunehmender Zeit wieder an, so dass von

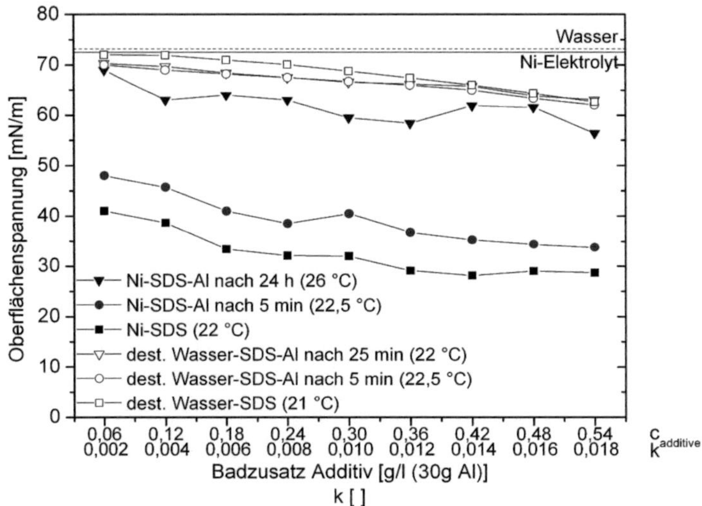

Abb. 3.1: Änderung der Oberflächenspannung in entionisiertem Wasser und im Ni-
Al-Elektrolyten mit SDS, abhängig von Zeit und Tensid-Konzentration

einem verlangsamten Aufzugverhalten von SDS auf die Al-Partikel ausgegangen werden muss. Nach 24 Stunden unter Rühren normalisiert sich die
Oberflächenspannung etwas unterhalb des Ausgangswertes für die partikel-
und additivfreie Lösung. Messungen der Oberflächenspannungsänderung in
Nickelelektrolytlösung mit OPA und DPA zeigten sich aufgrund der man-
gelnden Löslichkeit dieser Additive als erfolglos. Eine Änderung der Oberflächenspannung sowohl mit als auch ohne zugesetzte Partikel konnte nicht
festgestellt werden.

Zur Überprüfung der Stabilisierungswirkung der Partikel durch die Additive im Elektrolyten wurde ein Sedimentationstest durchgeführt. Dazu wurde der Elektrolyt mit zugesetzten und stabilisierten Partikeln in einem Mess-
zylinder dispergiert, und anschließend die Zeitstabilität der Partikel im Elektrolyten über die Sedimentation der Partikel aufgezeichnet [Abb. 3.2]. Der
Faktor ΔH ist dabei der Anteil der leicht sedimentierten Al-Partikel, d.h. der

Höhenunterschied zwischen noch dispergierten Partikeln im Elektrolyt und dem Sediment am Becherboden.

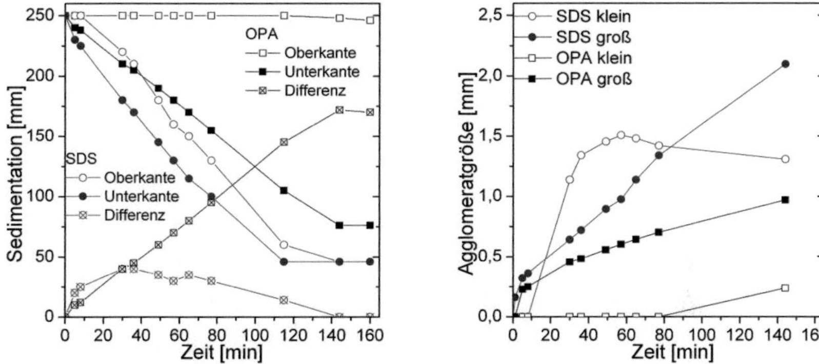

Abb. 3.2: Sedimentation (links) und Agglomeration (rechts) der Al-Partikel im Ni-Elektrolyten mit SDS und OPA

Mit der Kugelfallmethode nach Stokes lässt sich die Sedimentgröße über die Sedimentgeschwindigkeit abschätzen. Betrachtet man das Kräftegleichgewicht an einem Partikel, der im Elektrolyten mit konstanter Geschwindigkeit v_0 absinkt, ergibt sich:

$$F_A + F_R - G = 0 \tag{3.1}$$

mit der Auftriebskrakt $F_A = \rho_F V_P g$, der Reibungskraft $F_R = 6\pi\eta r_P v_0$ und der Gewichtskraft des Partikels $G = m_P \cdot g$. Hierbei ist η die Viskosität und ρ_F die Dichte des Elektrolyten (näherungsweise die von Wasser) und V_P das verdrängte Volumen der Partikel im Elektrolyten. Einsetzen in Gleichung 3.1 liefert:

$$\frac{4}{3}\pi r_P^3 (\rho_F - \rho_P) + 6\pi\eta r v_0 = 0 \tag{3.2}$$

Aufgelöst nach dem Durchmesser der Partikel $d = 2r$ ergibt sich:

$$d = \sqrt{\frac{18\eta v_0}{(\rho_P - \rho_F)g}} \cdot \qquad (3.3)$$

Mit $\eta = 0,719 \cdot 10^{-3}\frac{kg}{ms}$ (73) folgt für die Elektrolytansätze mit SDS und OPA eine zeitabhängige Agglomeratgröße [Abb. 3.2].

Dabei zeigt der Elektrolyt mit zugesetztem OPA im Vergleich zu SDS eine deutlich verbesserte Stabilität der Suspension. Zwar ist auch hier, sofern das Bad nicht bewegt wird, eine Agglomerierung der Partikel feststellbar, da die Partikel durch das hydrophobe Verhalten zusammenballen, allerdings gibt es auch einen hohen Anteil an deutlich kleineren Agglomeraten bzw. einzelner Partikel, die nur sehr langsam absinken.

3.1.2 Einfluss der Additive auf die Nickel-Gefügestruktur

Die Zugabe von Additiven zum Elektrolyten sorgt nicht nur für die Stabilisierung der Al-Partikel, sondern beeinflusst auch die Mikrostruktur der abgeschiedenen Nickelschichten. In Abb. 3.3 ist zum Vergleich die Mikrostruktur des Nickels ohne Zusätze an der Oberfläche und ein im FIB hergestellter Schnitt dargestellt. Das Nickel zeigt pyramidales Kornwachstum mit einigen großen Körnern von einigen Mikrometern, die mittlere Korngröße beträgt 178 *nm*. Die Zugabe von SDS führt zu einer Vergröberung der Kornstruktur, was sich in einer mittleren Korngröße von etwa 500 *nm* wiederspiegelt (bestimmt über das Auszählverfahren nach Jeffries (65)) [Abb. 3.4, links]. An der Oberfläche sind die Kanten und Flächen der Körner deutlicher ausgeprägt, gleichzeitig ist im FIB-Schnitt vermehrt Zwillingsbildung in der Kornstruktur zu erkennen, was auf erhöhte Eigenspannungen im Material schließen lässt. Messungen mit XRD zeigen, dass die Nickelschicht mit einer Textur in (111)-Richtung wächst, die deutlicher ausgeprägt ist als bei der additivfreien Abscheidung.

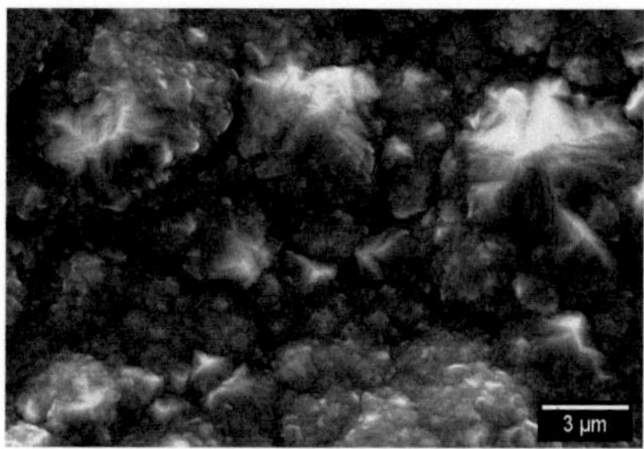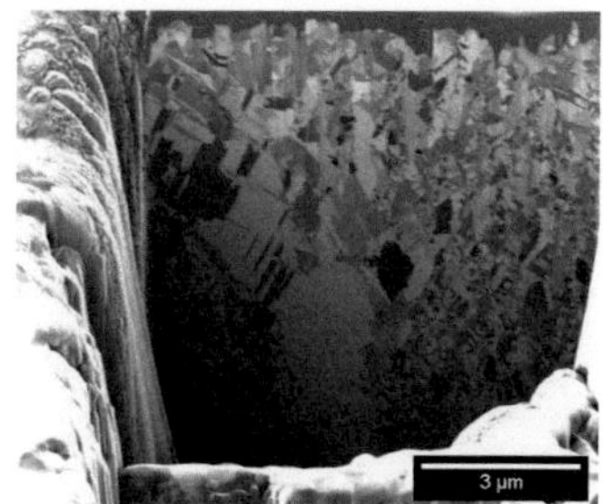

Abb. 3.3: SEM-Aufnahme Nickel-Abscheidung ohne Zusätze, Oberfläche (links), FIB-Schnitt (rechts), Stromdichte 2 A/dm^2

Abb. 3.4: SEM-Aufnahme Nickel-Abscheidung mit 0,1 g/l zugesetztem SDS, Oberfläche (links), FIB-Schnitt (rechts), Stromdichte 2 A/dm^2

Dagegen zeigt die Abscheidung mit, in NaOH gelösten, zugesetzten Phosphonsäuren OPA und DPA einen deutlicheren Unterschied in der Wachstumsrichtung [Abb. 3.5, 3.6]. Die Oberfläche zeigt sehr viele keine Körner, die nicht so deutlich facettiert sind wie bei dem Ansatz mit SDS (sog. „Blumenkohl"-Struktur). Der FIB-Schnitt zeigt, dass die Körner langgestreckt sind und eine bevorzugte Wachstumsrichtung normal zur Wachstumsfläche (Substrat) haben. Auch hier ist über XRD-Messungen eine Textur in (111)-Richtung detektierbar, die jedoch nicht so stark ausgeprägt ist wie bei der SDS-Variante. Die mittlere Korngröße beträgt bei der DPA-Variante 180 *nm*, bei der Zusammensetzung mit OPA 220 *nm*.

Abb. 3.5: SEM-Aufnahme Nickel-Abscheidung mit 0,1 g/l zugesetztem OPA, Oberfläche (links), FIB-Schnitt (rechts), Stromdichte 2 A/dm^2

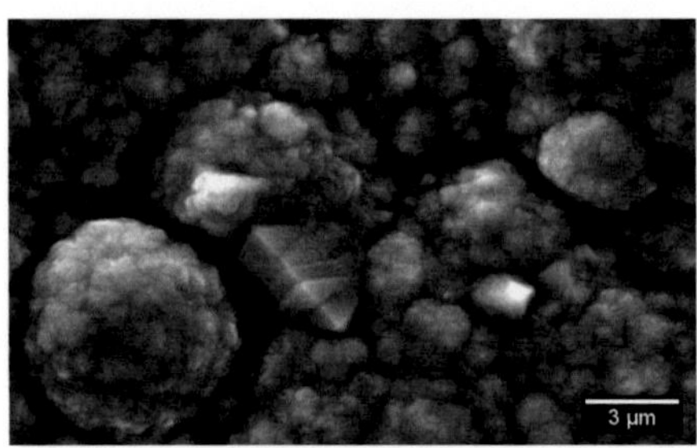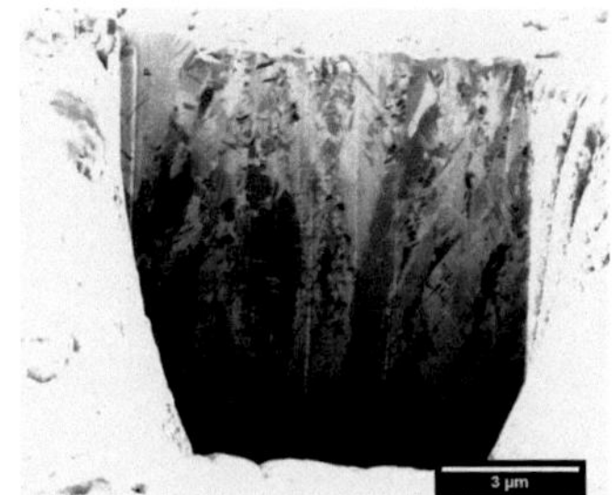

Abb. 3.6: SEM-Aufnahme Nickel-Abscheidung mit 0,1 g/l zugesetztem DPA, Oberfläche (links), FIB-Schnitt (rechts), Stromdichte 2 A/dm^2

3.1.3 Einfluss von Stromdichte und Abscheidedauer

Sowohl Stromdichte als auch Abscheidedauer nehmen Einfluss auf die Oberflächenrauheit der abgeschiedenen Nickelschicht. Abscheidungen von Nickel zeigen eine Stromausbeute von 95-98 %. Die Zugabe von SDS führt auch dazu, dass das Additiv an der Kathode aufzieht und somit die Entstehung von großen Wasserstoffblasen, die durch die Aufspaltung von Wasser entstehen, behindert [Abb. 3.7, links]. Mit Zunahme der Schichtdichte und dementsprechend auch mit der Abscheidedauer entsteht an der Oberfläche vermehrtes Dendritenwachstum, d.h. einzelne Partien oder Körner wachsen bevorzugt, was dazu führt, dass auch an der Oberfläche dieser Dendriten

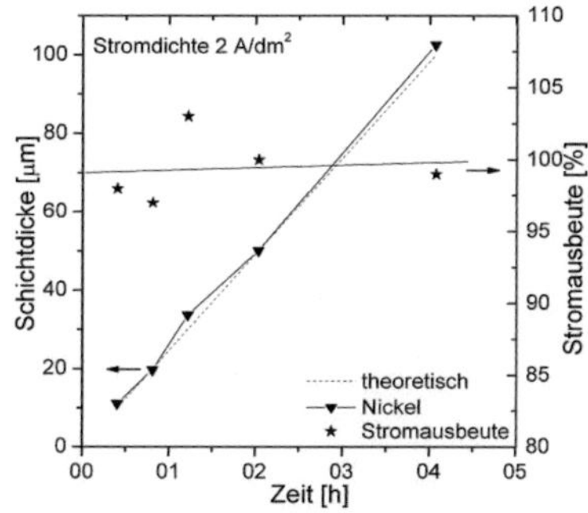
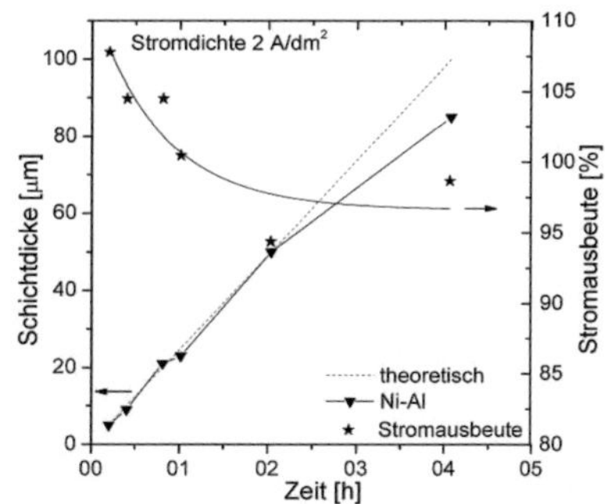

Abb. 3.7: Einfluss der Abscheidedauer auf die Stromausbeute: Nickel-Abscheidung mit 0,1 g/l zugesetztem SDS (links), mit 0,1 g/l zugesetztem SDS und 10 g/l Al-Partikel (rechts)

durch den geringsten Widerstand im Bad wiederum bevorzugt abgeschieden wird. Dies hat eine deutliche Zunahme der Oberflächenrauheit zur Folge. Gleiches gilt für eine Erhöhung der Stromdichte. Bei einer Abscheidung aus dem Nickelsulfat-Elektrolyten nimmt das Dendritenwachstum ab einer Stromdichte von 3 A/dm^2 an der Oberfläche deutlich zu, so dass eine Abscheidung im LIGA-Prozess mit höherer Stromdichte aufgrund der Zunahme der Oberflächenrauigkeit nicht mehr in Frage kommt.

3.1.4 Stabilisierung der Partikel mit Natriumdodecylsulfat SDS

Setzt man dem Elektrolyt-Additiv-Ansatz nun die Al-Partikel zu, nimmt dies auch Einfluss auf die Stromausbeute [Abb. 3.7, rechts], und das mikrostrukturelle Erscheinungsbild verändert sich deutlich [Abb. 3.8]. Mit zunehmender Schichtdicke fällt die Stromausbeute ab und die Oberflächenrauheit nimmt zu. Gleichzeitig wird die theoretische Schichtdicke nicht erreicht. Die tatsächlich erreichte Schicht weicht zu geringeren Dicken ab.

Die Zugabe von SDS und Al Nanopartikel in unterschiedlichen Mengen hat eine Reduktion der mittleren Korngröße auf 112 nm zur Folge [Abb. 3.8]. Weiterhin ist Zwillingsbildung durch Eigenspannungen in der Kornstruktur feststellbar. Die Eigenspannungen führen bei zunehmender Abscheidefläche größer als 1 cm^2 und zunehmender Abscheidedicke zu einer Ablösung der Schichten vom Substat schon während der Abscheidung.

Abb. 3.8: SEM-Aufnahme Ni-Al-SDS-Abscheidung mit 0,1 g/l zugesetztem SDS, Oberfläche (links), FIB-Schnitt (rechts), Stromdichte 2 A/dm^2

Einfluss des Partikel- zu SDS-Verhältnis k im Elektrolyten

Es stellt sich nun die Frage, welcher SDS-Gehalt pro zugegebener Partikelmenge die beste Stabilisierung bewirkt, d.h. inwieweit das Verhältnis Additiv- zu Partikelzugabe einen Einfluss auf die Partikelmitabscheidung hat. Dazu wurde der Verhältnisfaktor

$$k = \frac{Konzentration\ Additiv\ c_{Add}\ [g/l]}{Konzentration\ Al-Partikel\ c_{Al}\ [g/l]} \tag{3.4}$$

eingeführt. Abscheidungen wurden von $k=0{,}002$ bis $k=0{,}016$ durchgeführt. Abb. 3.9-3.15 zeigt die Ergebnisse von erzeugter Oberfläche und Schliff im Probenquerschnitt der erzeugten Schichten.

Die Ergebnisse für k=0,002-0,006 sind ähnlich. Es gibt geringe Unterschiede in den EDS-Messungen der Zusammensetzung, aber Oberflächenbeschaffenheit, Oberflächenrauigkeit, Partikelverteilung und Porosität in der Schicht sind vergleichbar.

Ab k=0,008 nimmt die Porosität in der Schicht in Verbindung mit der Schichtdicke zu, gleichzeitig nimmt die Oberflächenrauheit ab.

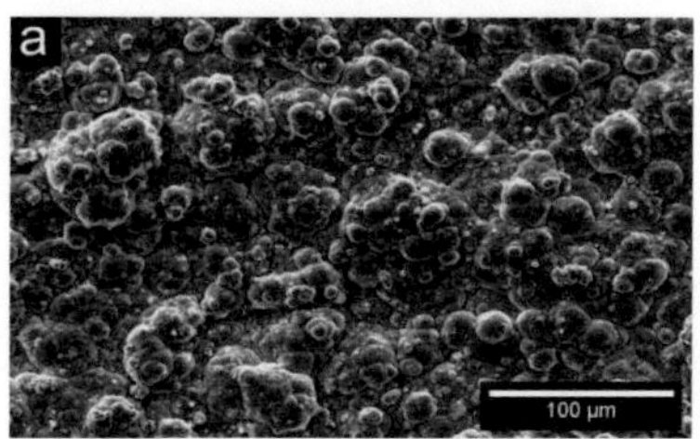 

Abb. 3.9: SEM-Aufnahme Ni-Al-SDS, Oberfläche (links) und Schliff (rechts), k=0,002

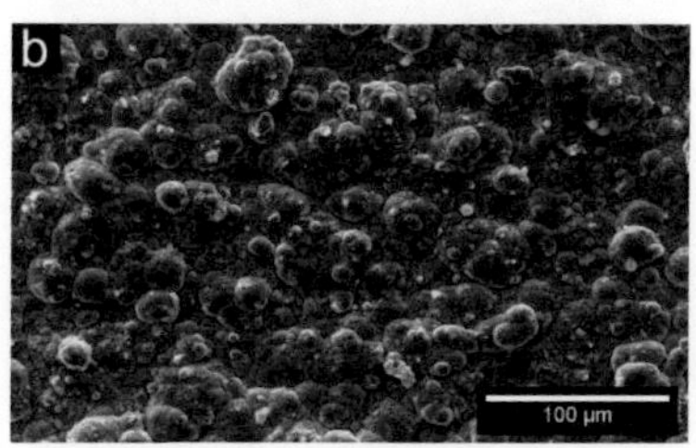 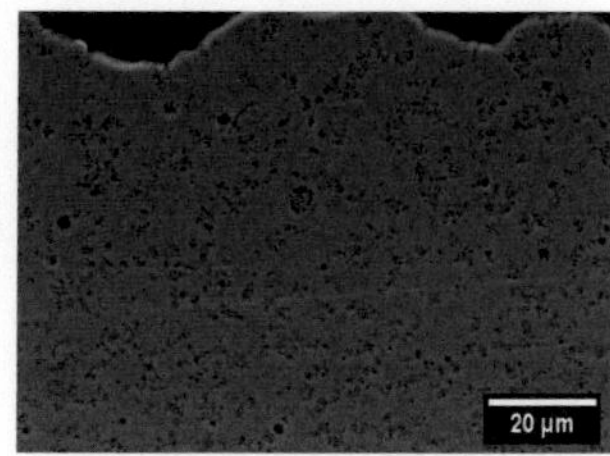

Abb. 3.10: SEM-Aufnahme Ni-Al-SDS, Oberfläche (links) und Schliff (rechts), k=0,004

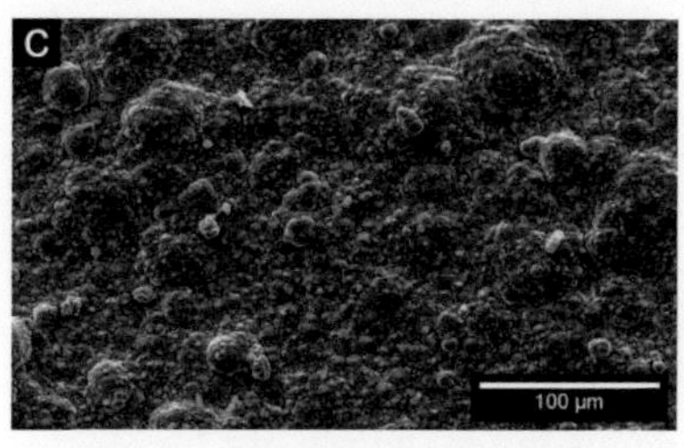 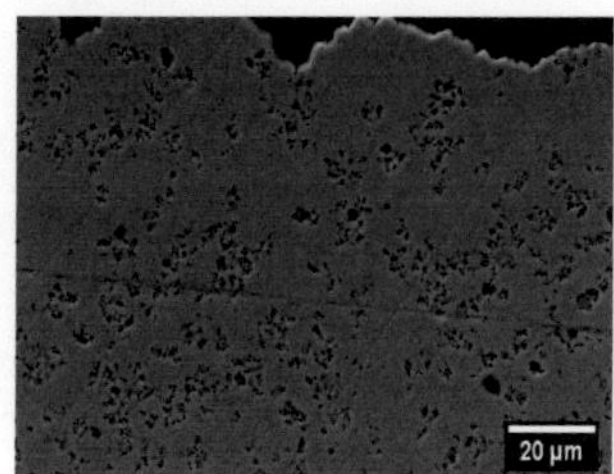

Abb. 3.11: SEM-Aufnahme Ni-Al-SDS, Oberfläche (links) und Schliff (rechts), k=0,006

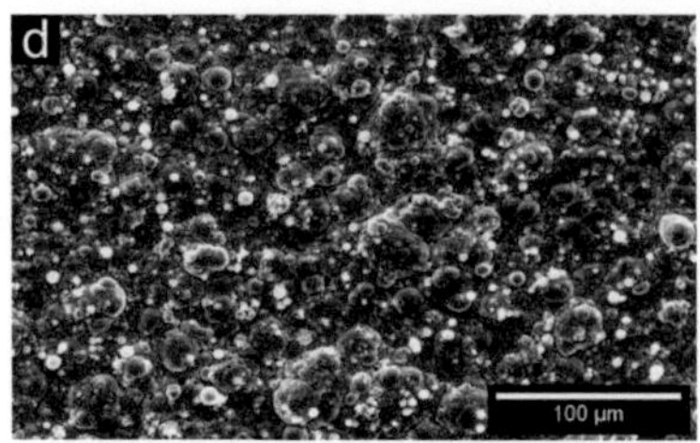

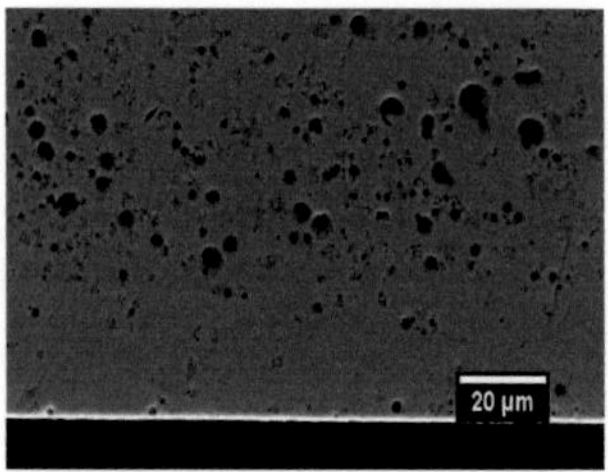

Abb. 3.12: SEM-Aufnahme Ni-Al-SDS, Oberfläche (links) und Schliff (rechts), k=0,008

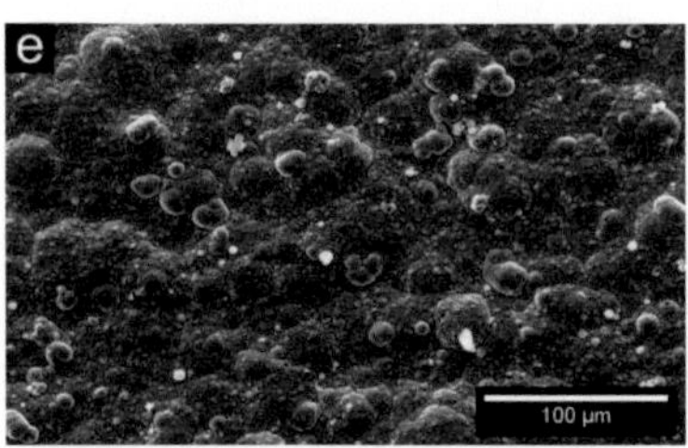

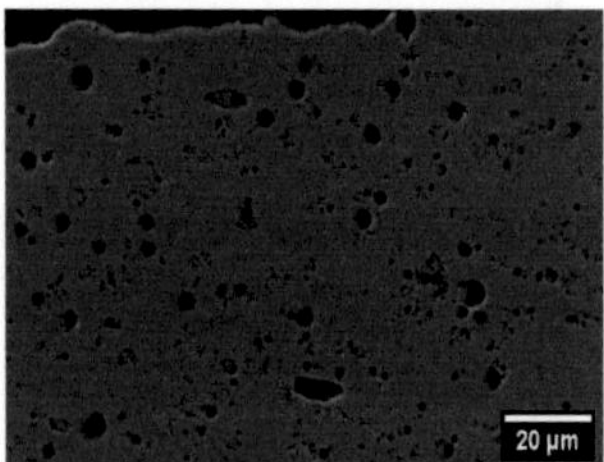

Abb. 3.13: SEM-Aufnahme Ni-Al-SDS, Oberfläche (links) und Schliff (rechts), k=0,01

Vergleicht man die Schichtabscheidung mit k=0,012 und k=0,014 mit den Schichten mit geringerem Additiv-Gehalt, ist festzustellen, dass oberhalb k=0,008 der Al-Gehalt in der Schicht kontinuierlich abnimmt, eine Co-Abscheidung der Partikel erscheint weniger wirkungsvoll [Abb. 3.16]. Bei weiterer Erhöhung des SDS-Gehalts im Elektrolyten über k=0,016 beginnen die Partikel chemisch instabil zu werden. Bei längeren Standzeiten des Elektrolyten ist eine Oxidation der Al-Partikel zu beobachten.

Partikelverteilung in der Schicht

Um die Partikelverteilung in der Schicht darzustellen, wurde ein Elemente-Mapping mit EDS durchgeführt. Die Abbildungen 3.17 und 3.18 zeigen die Ergebnisse für Ni-Al-SDS und k=0,01 an der Oberfläche und im Schliff. Die

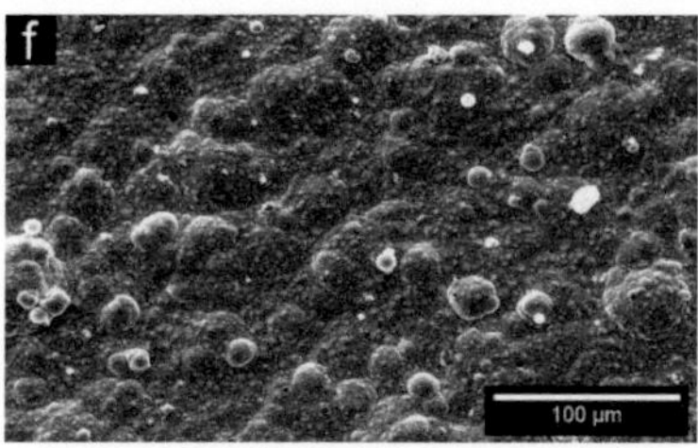 

Abb. 3.14: SEM-Aufnahme Ni-Al-SDS, Oberfläche (links) und Schliff (rechts), k=0,012

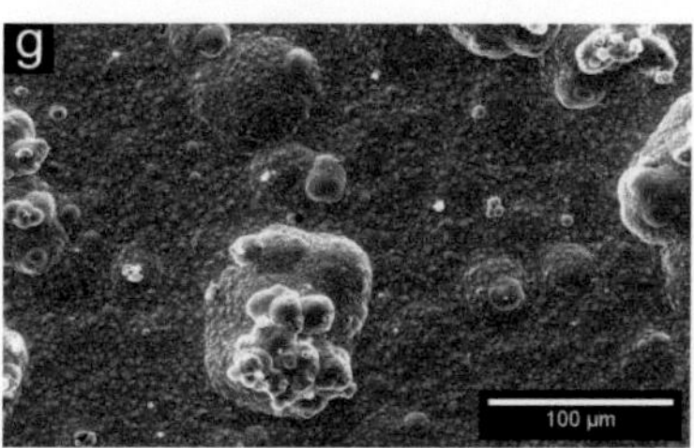 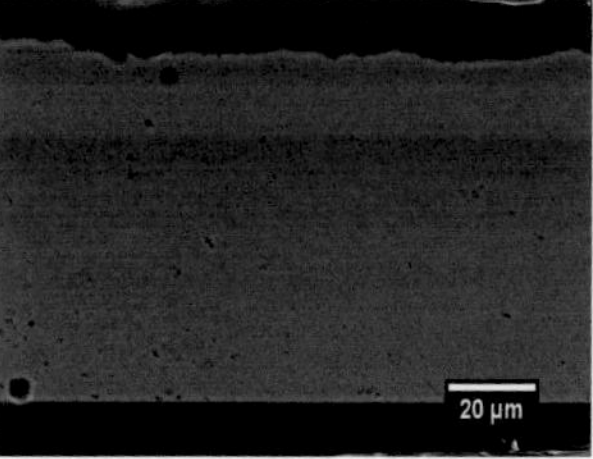

Abb. 3.15: SEM-Aufnahme Ni-Al-SDS, Oberfläche (links) und Schliff (rechts), k=0,014

Al-Partikel erscheinen in der Nickelmatrix ausreichend dispergiert vorzuliegen, wobei auch Partikel-Agglomerate eingebaut werden, was zu einer lokalen Erhöhung des Al-Gehaltes in der Schicht führt. Die EDS-Messungen zeigen 12±3,5 at-% Al im Schliff, bis zu 28 at-% an der Oberfläche.

Einfluss der Elektrodenanordnung

Um den Einfluss der Anordnung von Kathode und Anode zu untersuchen, wurde die Position von Kathode und Anode im Bad variiert und Schichten mit kalkulierter Dicke von 100 μm abgeschieden [Abb 3.19]. Der Einfluss der Gravitation ist deutlich feststellbar. Ist die Kathode waagerecht oder so positioniert, dass die Partikel durch Sedimentation darauf zu liegen kommen können [Abb 3.19, c und e], wird die Schicht durch den vermehrten Einbau

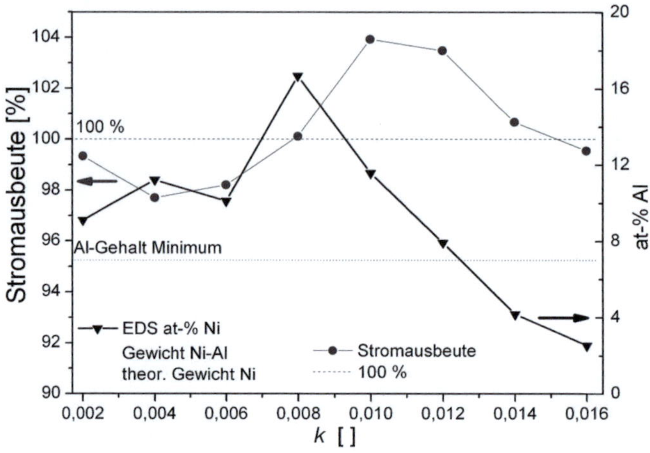

Abb. 3.16: Ni-Al in Abhängigkeit von k, Atomprozent Aluminium im Schliff (EDS-Messung), Stromausbeute, Gewicht

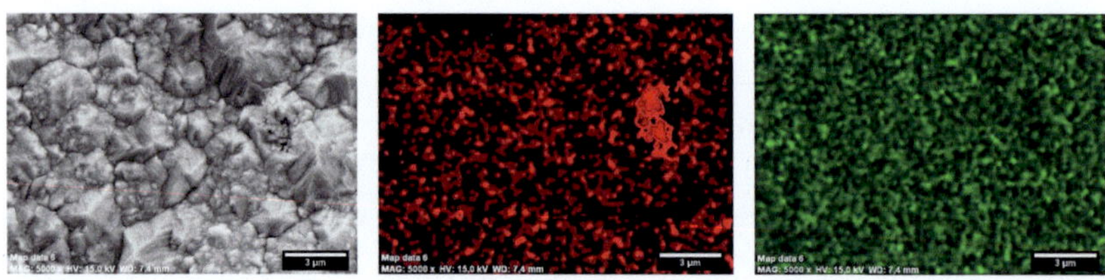

Abb. 3.17: Ni-Al-SDS, k=0,01, EDS-Mapping der Partikelverteilung an der Oberfläche, SE (links), Al (Mitte), Ni (rechts)

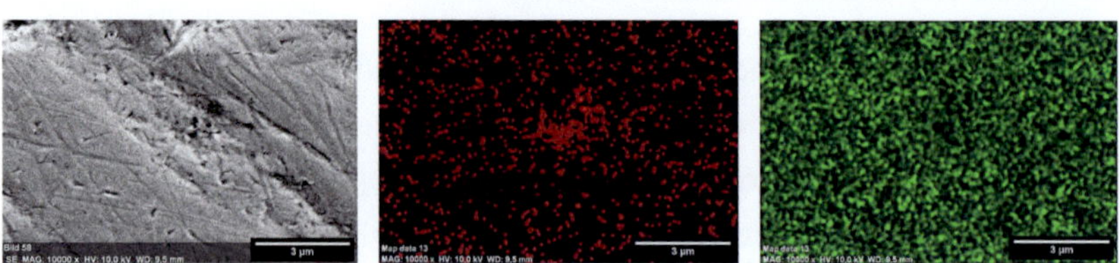

Abb. 3.18: Ni-Al-SDS, k=0,01, EDS-Mapping Partikelverteilung im Schliff, SE (links), Al (Mitte), Ni (rechts)

von Al sehr rau und porös. Bei einer Positionierung der Kathode oben mit nach unten gerichteter Abscheidefläche, so dass die Gravitation keinen Einfluss auf das Einbetten der Partikel hat [Abb 3.19, b und d], werden kaum Partikel in die Schicht mit eingebaut.

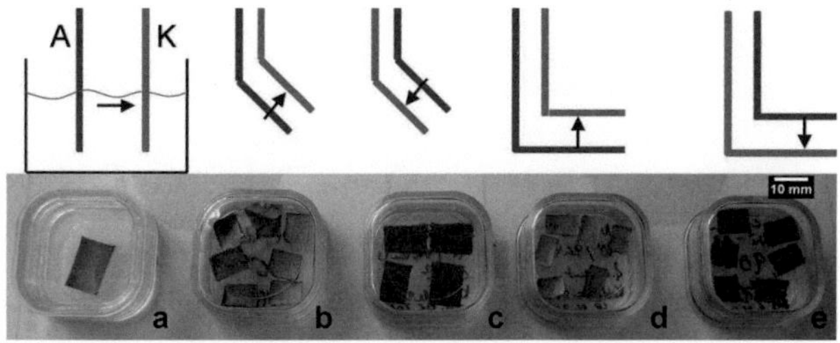

Abb. 3.19: Einfluss der Elektrodenanordnung auf die Schichtqualität, A:Anode, K:Kathode, Pfeil:Abscheidefläche

3.1.5 Stabilisierung der Partikel mit Phosphonsäuren

Das Additiv nDP, basierend auf dem Salz einer Phosphorsäure mit einer 10 Kohlenstoffatome langen Kohlenwasserstoffkette, zeigt eine bessere Stabilisierungswirkung, da es nicht wie SDS über eine Wasserstoff-Brückenbindung auf der Oberfläche der Al-Partikel anbindet, sondern mit dieser eine kovalente Bindung eingeht. Deutlich ist wiederum der Einfluss auf das Kornwachstum des Nickels feststellbar. Die mittlere Korngröße liegt bei etwa 500 *nm*, eine bevorzugte Wachstumsrichtung ist hier nicht feststellbar. Die Aluminiumgehalte der abgeschiedenen Schicht betragen nach EDS-Messungen etwa 6 at-%.

Abscheidungen mit den Phosphonsäuren DPA und OPA erwiesen sich zu Beginn als nicht erfolgreich, da die Löslichkeit von OPA und DPA im Elektrolyten im Arbeits-pH-Wert sehr gering ist. Trotzdem lassen sich - nach ausreichender Dispergierung - Schichten abscheiden, die aber in den Randbereichen eine nicht unerhebliche Porosität und eine erhöhte Oberflä-

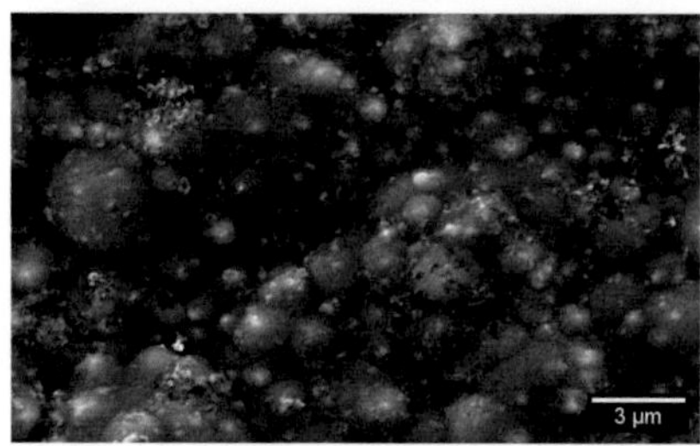

Abb. 3.20: SEM-Aufnahme Ni-Al-nDP, Oberfläche, FIB-Schnitt (rechts), Stromdichte 2 A/dm^2

chenrauheit aufweisen [Abb. 3.21, 3.22, (links)]. Gleichzeitig zeigen diese Schichten aber - mittels EDS detektiert - mit 8 bis 10 at-% Aluminium einen ausreichenden Al-Gehalt im Schliff.

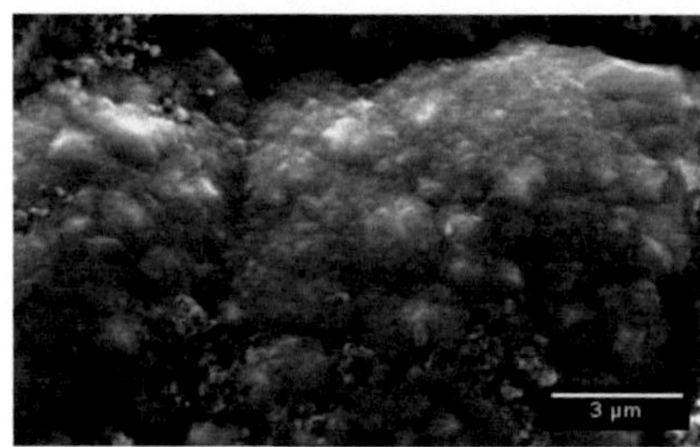

Abb. 3.21: SEM-Aufnahme Ni-Al-DPA, Oberfläche (links), FIB-Schnitt (rechts), Stromdichte 2 A/dm^2

Die Qualität der Schichten ließ sich deutlich verbessern, wenn die Aluminiumpartikel vor der Zugabe zum Elektrolyten mit dem Additiv OPA bzw. DPA in alkoholischer Lösung beschichtet, und dann dem Elektrolyten zugesetzt werden. Da die Löslichkeit der Phosphonsäuren in Ethanol im Vergleich zu Wasser deutlich besser ist, kann das Tensid in der Lösung unter Bildung einer kovalenten Bindung auf die Partikel aufziehen. Allerdings muss vor Zugabe der beschichteten Partikel in den Elektrolyten der Ethanol mit dem überschüssigen gelösten Additiv von den Partikeln getrennt wer-

Abb. 3.22: SEM-Aufnahme Ni-Al-OPA, Oberfläche (links) FIB-Schnitt (rechts), Stromdichte 2 A/dm^2

den, da sonst die Abscheidung an der Kathode stark inhibiert wird. Durch Zentrifugieren und Spülen der Partikel in Ethanol vor Zugabe zum Elektrolyten konnte dieser negative Einfluss unterdrückt werden. Abb. 3.23 und 3.24 zeigen die mit in Alkohol beschichteten Partikeln erzeugten Ni-Al-OPA-Schichten. Der mittels EDS gemessene Al-Gehalt der auf diesem Weg erzeugten Schichten im Schliff beträgt, gemessen mittels EDS, 12 at-%.

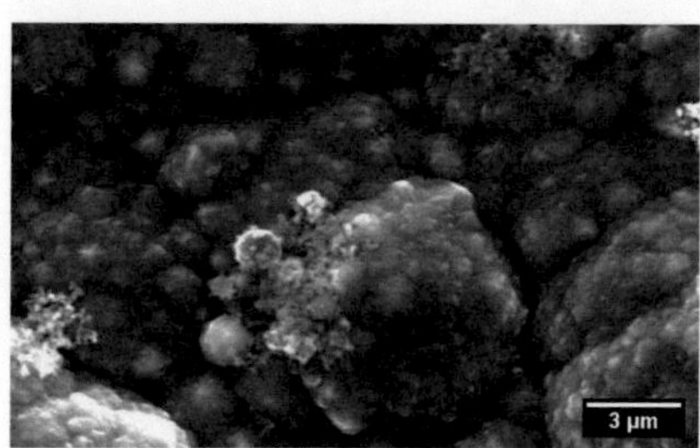

Abb. 3.23: SEM-Aufnahme Ni-Al-DPA, in Alkohol beschichtet Oberfläche mit Zentrifugieren (links), FIB-Schnitt (rechts), Stromdichte 2 A/dm^2

Partikelverteilung in der Schicht

Die Partikelverteilung in den aus dem Ansatz Ni-Al-OPA-Alk erzeugten Schichten zeigt im SEM einen erhöhten Al-Partikelgehalt im Vergleich zur

Abb. 3.24: SEM-Aufnahme Ni-Al-OPA, in Alkohol beschichtet mit Zentrifugieren, Oberfläche (links), FIB-Schnitt (rechts), Stromdichte 2 A/dm^2

ohne Alkohol erzeugten Ni-Al-Schicht [Abb. 3.25, 3.26]. An der Oberflä-che sind wie bei Ni-Al-SDS Agglomerate von Al-Partikeln feststellbar. Im Schliff der Schichten sind die Partikel jedoch deutlich feiner als bei dem Ansatz Ni-Al-SDS verteilt [vgl. Abb. 3.26 mit Abb. 3.17].

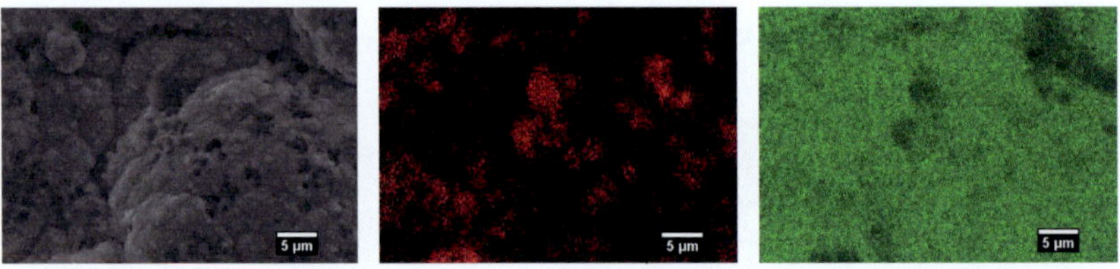

Abb. 3.25: Ni-Al-OPA, k=0,01, EDS-Mapping der Partikelverteilung an der Ober-fläche, SE (links), Al (Mitte), Ni (rechts)

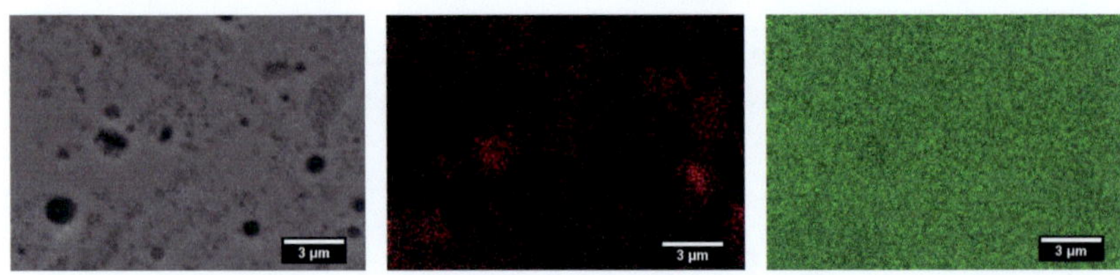

Abb. 3.26: Ni-Al-OPA, k=0,01, EDS-Mapping Partikelverteilung im Schliff, SE (links), Al (Mitte), Ni (rechts)

3.1.6 Zustand der eingebetteten Partikel

Damit die Schichten weiter verarbeitet werden können, dürfen die Partikel im Elektrolyten und während der Abscheidung nicht oxidiert werden. Der Zustand der Partikel im abgeschiedenen Stadium ließ sich im EFTEM untersuchen, da mit dieser Abbildungsmethode die Elementeverteilung optisch durch Aufhellung dargestellt werden kann [Abb. 3.27]. Dazu wurde aus der Schicht mittels FIB eine TEM-Lamelle mit ca. 60 *nm* Dicke präpariert.

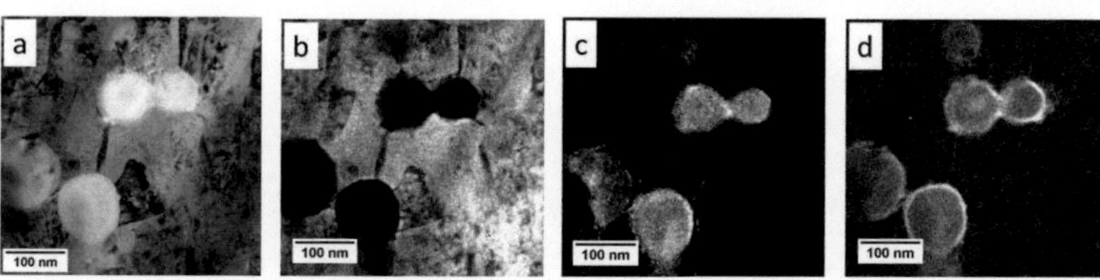

Abb. 3.27: Ni-Al EFTEM Elementeverteilung: a: Sekundärelektronen-Abbild, b: Nickel, c: Aluminium, d: Sauerstoff (Die jeweils gesuchten Elemente sind aufgehellt)

In Abbildung 3.27, a sind in der resultierenden SE-Aufnahme die eingebetteten Partikel in der Nickelmatrix dargestellt. Anhand den Abbildungen b-d ist erkennbar, dass die Partikel durch eine Aluminiumoxidhülle von etwa 5 nm ummantelt [Abb. 3.27, d] und von der Nickelmatrix getrennt sind, im Inneren aber größtenteils metallisches Aluminium vorliegt [Abb. 3.27, c]. Mit einem EDS-Linienscan an einem Partikel konnte dieses Ergebnis bestätigt werden [Abb. 3.28].

3.1.7 Stabilisierung der Partikel mit anderen Additiven

Die Partikelstabilisierung in wässrigen und nichtwässrigen Formulierungen wird auch in anderen Bereichen als der elektrochemischen Abscheidung von Dispersionsschichten eingesetzt. Daher wurden gängige Stabilisatoren in der Lack- und Keramikherstellung auf ihre Eignung zur Stabilisierung von Al-Partikel in wässrigen Elektrolyten hin untersucht. Bei einer

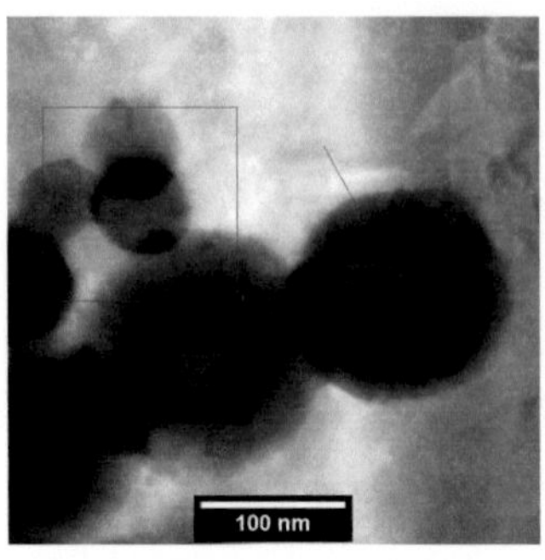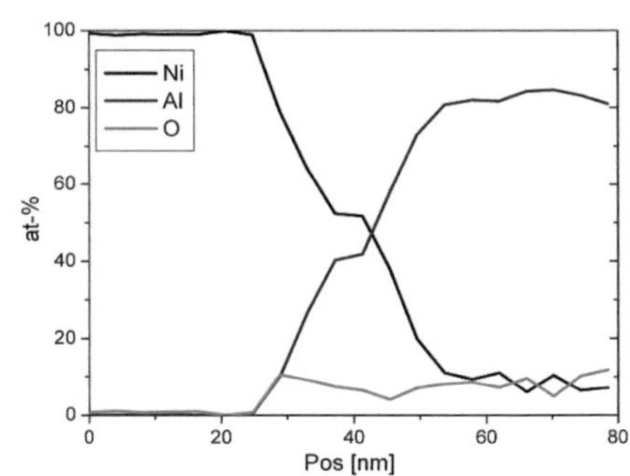

Abb. 3.28: TEM-EDS-Linienscan eines abgeschiedenen Al-Partikels in der Nickel-Matrix

Abscheidung mit dem Additiv Dolapix, einem Netzmittel, welches in der Aluminiumoxid-Keramikherstellung eingesetzt wird, um den Keramikschlicker zu stabilisieren, führte zu starken Zusammenballungen der Aluminium-Partikel von mehreren μm Durchmesser, die sich sowohl auf der Oberfläche absetzen als auch in das Material mit eingebaut wurden [Abb. 3.29]. Eine gleichmäßige Partikelverteilung in der Nickelschicht war mit diesem Additiv, auch in unterschiedlichen Bad-Konzentrationen nicht erreichbar.

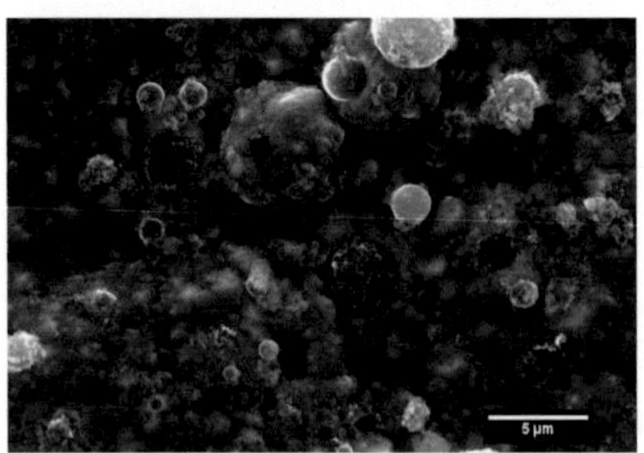

Abb. 3.29: SEM-Aufnahme Ni-Al, abgeschieden mit Dolapix CE 64 (links), Schliff (rechts), Stromdichte 2 A/dm^2

Abscheidungen unter Verwendung von MAC, eines Additivs mit positiv geladener Kopfgruppe, führte zu homogenen Schichten mit deutlich reduzierter Korngröße (unter 50 nm), jedoch waren die resultierenden Eigenspannungen in der Schicht so groß, dass die Schichten schon während der Abscheidungen große Risse bekamen [Abb. 3.30, links]. Die Aluminiumgehalte der erhaltenen Schicht betrug 6-8 at-%. Gleiches gilt für die erhaltenen Schichten mit dem kommerziellen Zusatz D750 [Abb. 3.30, rechts], einem organisch modifizierten Polymer, das zur Stabilisierung von Pigmenten in Lacken Anwendung findet. Das Additiv zeigt positiven Einfluss auf die Oberflächenrauheit, allerdings führen auch hier die Eigenspannungen in der Schicht während der Abscheidung zu Rissen.

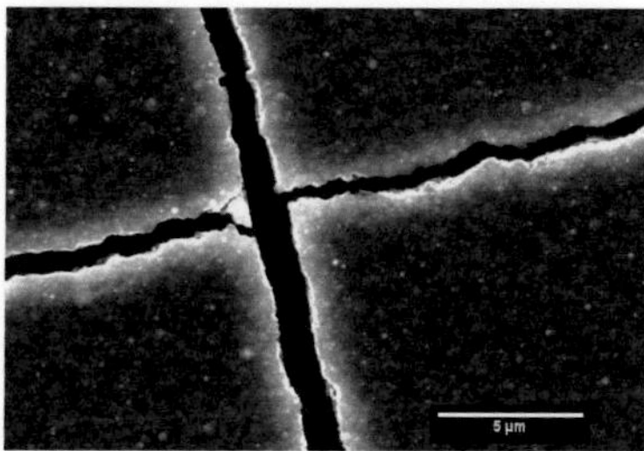

Abb. 3.30: SEM-Aufnahme Ni-Al, abgeschieden mit MAC (links), abgeschieden mit D750 (rechts), Stromdichte 2 A/dm^2

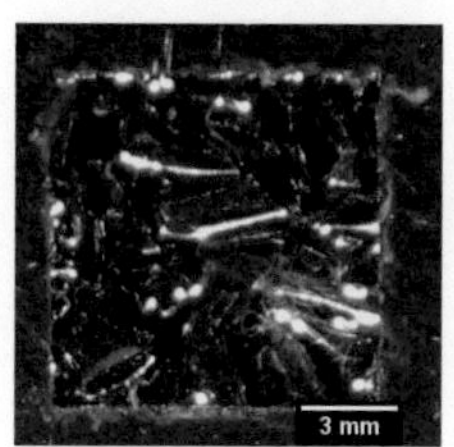

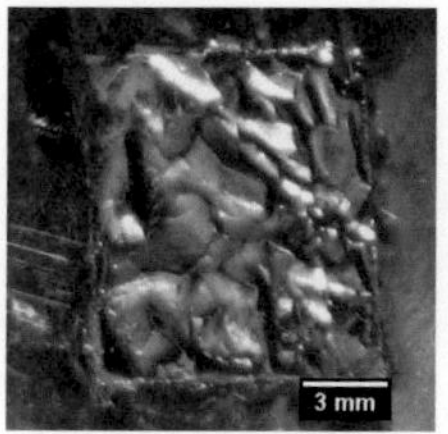

Abb. 3.31: Erzeugte Ni-Al-Schichten mit kommerziellen Additiven: Dispers655, D750+Wet500, D655+D750, Digitalfotografie

Die Zugabe kommerzielle Additive, die in der Metallic-Lackstabilisierung eingesetzt werden, führte nur bedingt zu brauchbaren Schichten, größtenteils wurde der Einbau von Partikeln nahezu komplett unterbunden, und

Spannungen in der Schicht führten zum Ablösen vom Substrat während der Abscheidung [Abb. 3.31].

Durch eine doppelte Beschichtung mit unterschiedlichen Additiven wurde versucht, die Stabilisierungswirkung auf die Partikel in Verbindung mit der Einbaurate in die Nickelschicht zu verbessern. Dabei soll das erste Additiv (hydrophob) die Oberfläche der Partikel beschichten, das zweite Additiv (positive Ladung) durch die Bildung einer Doppelschicht die Oberflächenladung der Partikel beeinflussen, um die Einbettung in die Schicht an der Kathode zu optimieren. Abbildung 3.32 bis 3.34 zeigen die Ergebnisse der Abscheidungen. Gute Ergebnisse konnten durch die Kombination der kommerziellen Additive Dispers655 und Wet500 erzielt werden [Abb. 3.32]. Die Schichten zeigen eine deutlich reduzierte Oberflächenrauheit mit einem Al-Enbau von 10 bis 15 at-%. Hier ist auch eine veränderte Gefügestruktur des abgeschiedenen Nickels feststellbar: die Oberfläche zeigt eine nadelartige Kornstruktur, der FIB-Schnitt eine bevorzugte Wachstumsrichtung normal zur Abscheidefläche her. Die mittlere Korngröße beträgt tangential zur Abscheidefläche 240 *nm*, normal 2,8 *μm*.

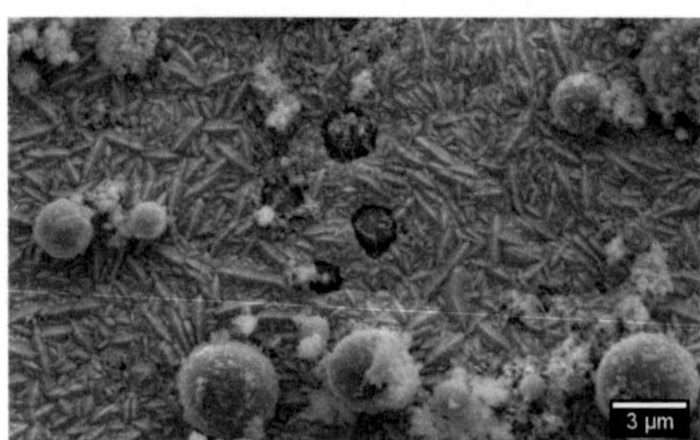

Abb. 3.32: Abgeschiedene Schicht Nickel-Aluminium mit doppelter Additiv-Beschichtung D655-W500, SEM-Aufnahme (links), FIB-Schnitt (rechts)

Eine Kombination aus SDS und MAC führte zu interessanten Volumenerscheinungen in der Schicht [Abb. 3.33]. Die Schicht erscheint aus verschiedenen Teilschichten mit unterschiedlicher Korngröße aufgebaut, mit einer hohen Dichte an scheibenförmiger Porosität. Was im Detail dieses unterschiedliche Wachstum und die ausgebildete Porosität auslöste, konnte nicht geklärt werden.

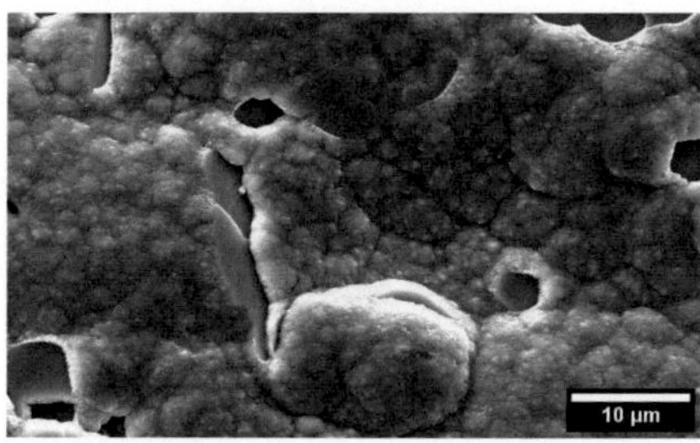

Abb. 3.33: Abgeschiedene Schicht Nickel-Aluminium mit doppelter Additiv-Beschichtung SDS-MAC, SEM-Aufnahme (links), FIB-Schnitt (rechts)

Eine Doppelbeschichtung der Al-Partikel mit DPA und MAC resultierte in einer reduzierten Oberflächenrauheit, allerdings musste auch ein verminderter Al-Partikeleinbau festgestellt werden, die Schichten enthielten etwa 4 at-% Al [Abb. 3.34].

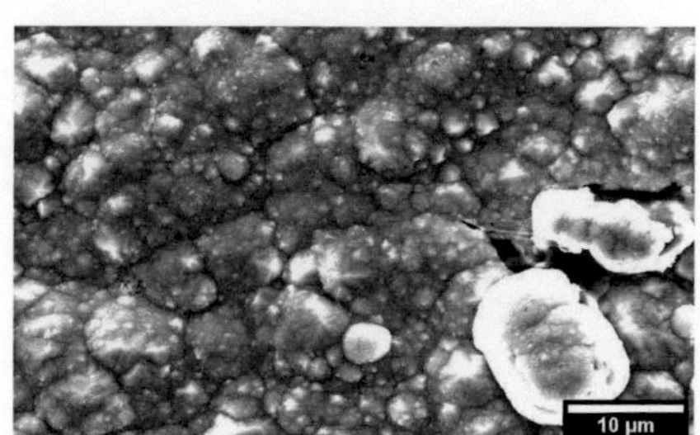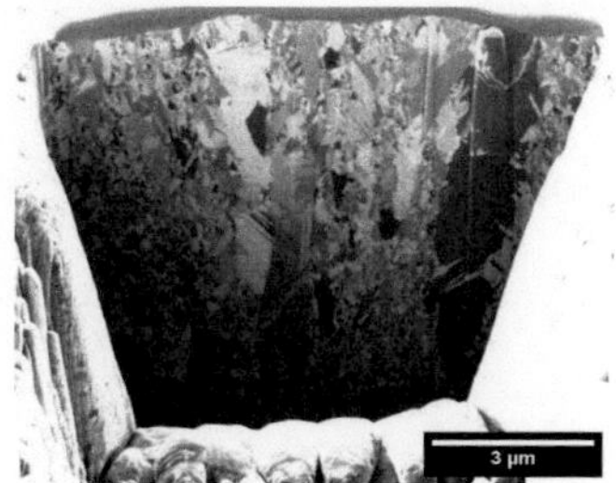

Abb. 3.34: Abgeschiedene Schicht Nickel-Aluminium mit doppelter Additiv-Beschichtung DPA-MAC, SEM-Aufnahme (links), FIB-Schnitt (rechts), Stromdichte 2 A/dm^2

3.2 elektrochemische Abscheidung Ni-Al-Ti

Technisch verwendete Nickel-Superlegierungen bestehen nicht nur aus zwei, sondern aus deutlich mehr Legierungselementen. Daher wurde dem Elektrolyten zusätzlich zu den Al-Nanopartikeln Titan-Nanopartikel zugesetzt.

Titan ist wie Al in Nickel ein γ'-Phasenbildner, der das Mischphasengebiet $\gamma - \gamma'$ zu kleineren Al-Gehalten verschiebt, da durch die Anwesenheit des Ti die Löslichkeit des Al im Nickel verringert wird. Schichten mit Ni-Al-Ti konnten aus dem SDS-Ansatz abgeschieden werden, allerdings zeigten Untersuchungen mit EDS nur einen geringen Ti-Gehalt bis 2 at-% in der Schicht, gleichzeitig reduziert sich der Al-Gehalt in der erzeugten Schicht um etwa diesen Betrag [Abb. 3.35]. Die Oberflächenrauheit der erzeugten Schichten ist im Vergleich zu den erzeugten Ni- und Ni-Al-Schichten deutlich erhöht.

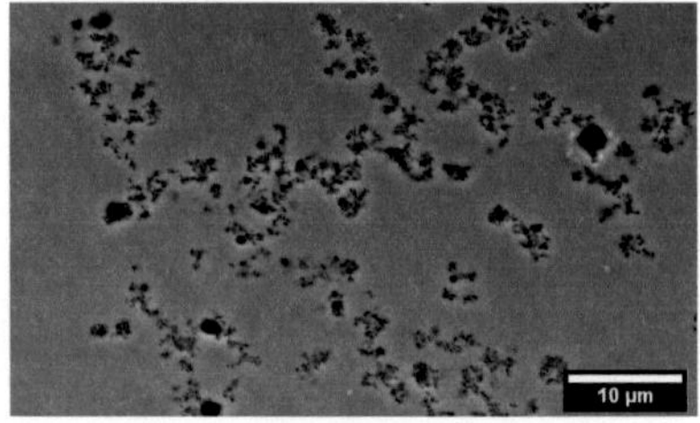

Abb. 3.35: SEM-Aufnahme eines Schliffs der Schichtabscheidung Ni-Al-Ti-SDS, Stromdichte 2 A/dm^2

3.2.1 Erreichte Al-Gehalte in den abgeschiedenen Dispersions-Schichten

Abbildung 3.36 zeigt eine Übersicht der erreichten Al-Gehalte in den Dispersionsschichten, gemessen mit EDS. Der höchste Partikelgehalt wurde mit der Zubereitung Dolapix CE64 erzielt, allerdings kann diese aus schon erwähnten Gründen (Agglomeration, Oxidation der Partikel) nicht für

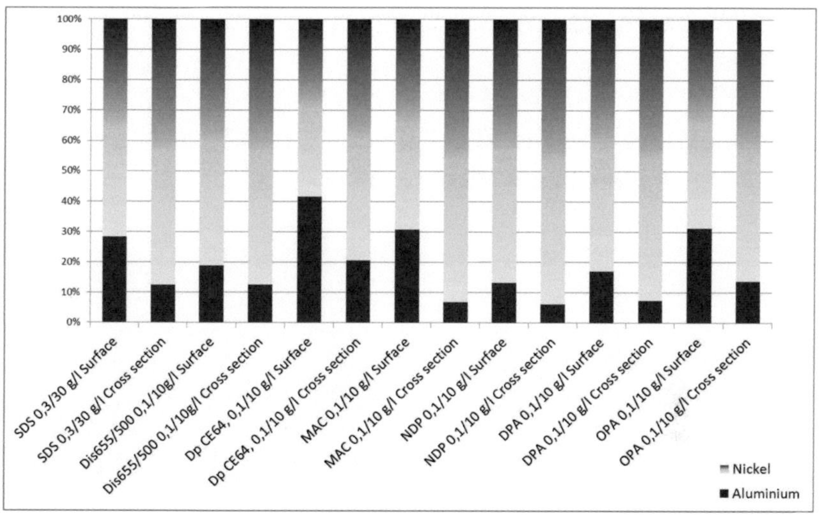

Abb. 3.36: Übersicht der Al-Gehalte der erzielten Schichten, gemessen mit EDX an der Oberfläche und im Querschliff

zeitstabile Ni-Al-Elektrolyten eingesetzt werden. Abscheidungen mit MAC erreichen ebenso einen hohen Al-Gehalt. Die inneren Spannungen in der Schicht sind jedoch Ausschlusskriterium für die Ni-Al-Abscheidung. Die Zusammensetzungen Ni-Al-SDS, Ni-Al-DPA und Ni-Al-OPA zeigen einen ausreichenden Partikeleinbau in Verbindung mit einem zeitstabilen Elektrolyten. Diese werden zur Abscheidung in die LIGA-Mikrostrukturabscheidung übertragen.

3.3 elektrochem. Abscheidung in die Mikroprüfkörperstruktur

Nachdem die Abscheidung der Ni-Al-Schichten aus ausgewählten Elektrolyten (mit Zusatz SDS, DPA und OPA) zufriedenstellend durchgeführt werden konnte, wurden Abscheidungen in das Mikroprüfkörperlayout vorgenommen, um die Verwendbarkeit für die LIGA-Abscheidung zu überprüfen, und um Mikrozugproben und TEM-Scheiben für die Charakterisierung der mechanischen und mikrostrukturellen Eigenschaften des Materials herzustellen.

3.3.1 Elektrochemische Abscheidung mit SDS-, DPA- und OPA-Additiv in die Mikrostruktur

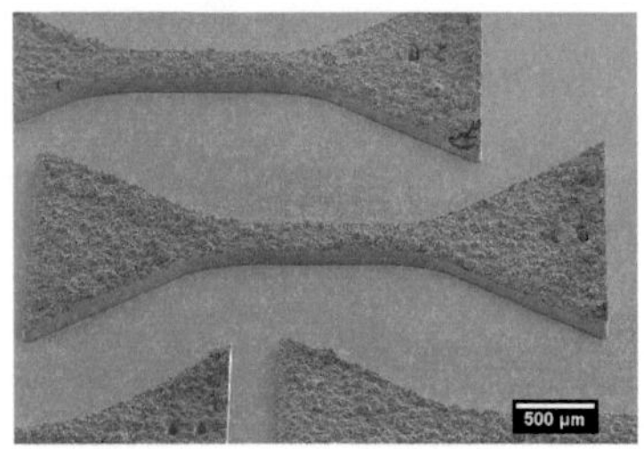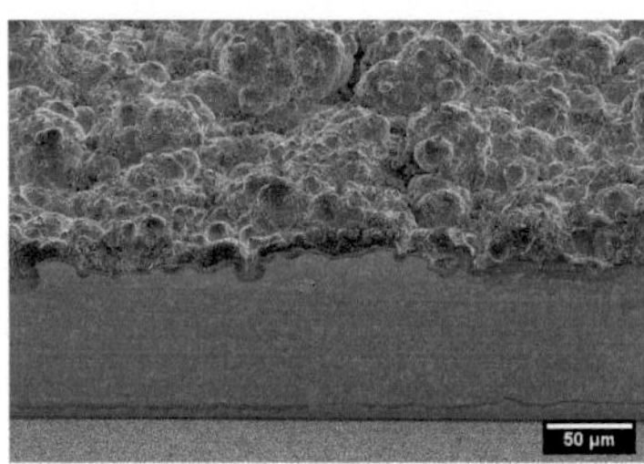

Abb. 3.37: SEM-Aufnahme Ni-Al-SDS in Mikroprüfkörperstruktur, Rührgeschwindigkeit 150 U/min, Stromdichte 2 A/dm^2

Mit dem Elektrolytansatz mit dem Additiv SDS lassen sich Mikrozugproben mit ausreichender Qualität herstellen [Abb. 3.37, 3.39(links)], allerdings ist ein Einfluss der Gravitation feststellbar. Je nach dem, wie das Substrat im Bad angeordnet war, konnte an der nach unten orientierten Seite der Proben eine Anhäufung der Partikel festgestellt werden.

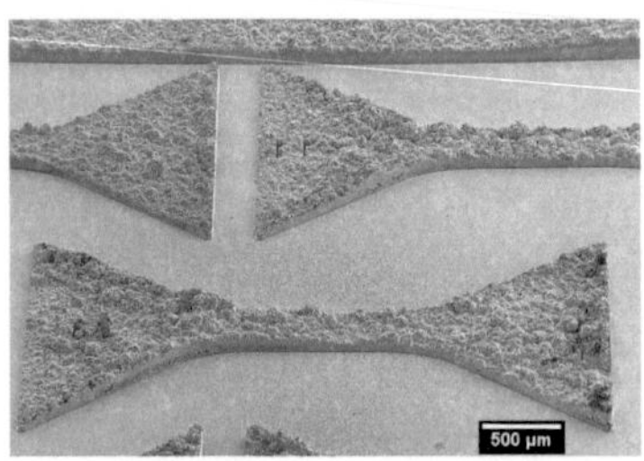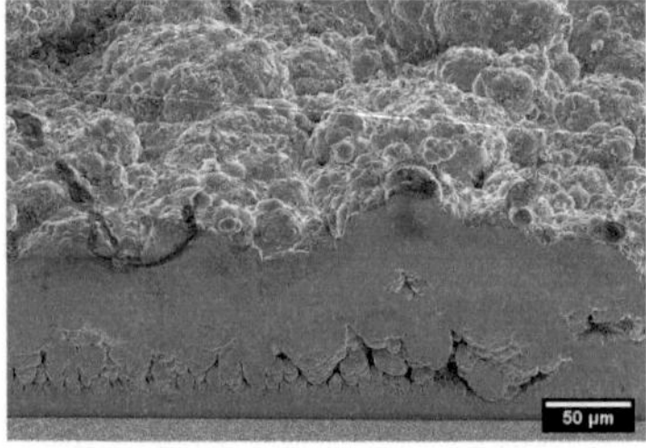

Abb. 3.38: SEM-Aufnahme Ni-Al-DPA in Mikroprüfkörperstruktur, Rührgeschwindigkeit 150 U/min, Stromdichte 2 A/dm^2

Abscheidungen mit DPA zeigen im Vergleich zu SDS eine reduzierte Abscheiderate und große Porosität im Randbereich [Abb. 3.38, 3.39(rechts)]. Der Al-Gehalt in diesen Proben ist jedoch laut EDS höher als in der SDS-Variante, und die Partikel erscheinen besser dispergiert. Die Zunahme der Oberflächenrauheit ist auf den vermehrten Al-Einbau zurückzuführen. Auch hier zeigt sich eine deutliche Verbesserung der Schichtqualität, wenn die Partikel vorab in Alkohol mit dem Additiv beschichtet werden. Die Porosität der Proben kann durch diese Prozessierung erheblich unterdrückt werden [Abb. 3.38].

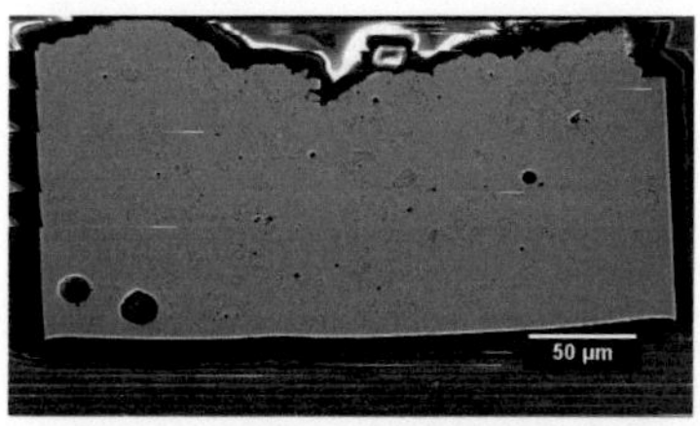
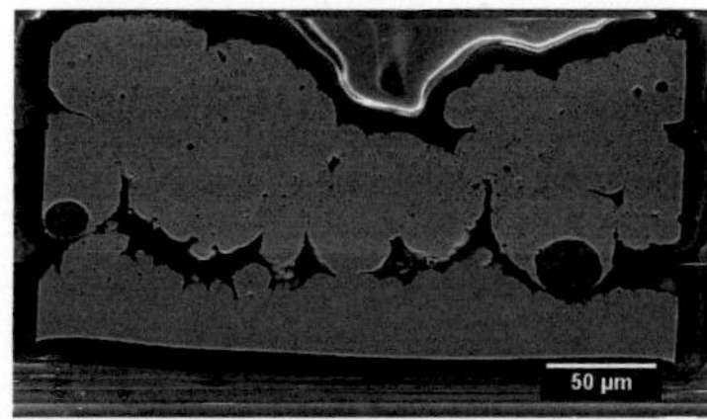

Abb. 3.39: SEM-Aufnahme Querschliff der Ni-Al-MPK, abgeschieden mit SDS (links), DPA(rechts)

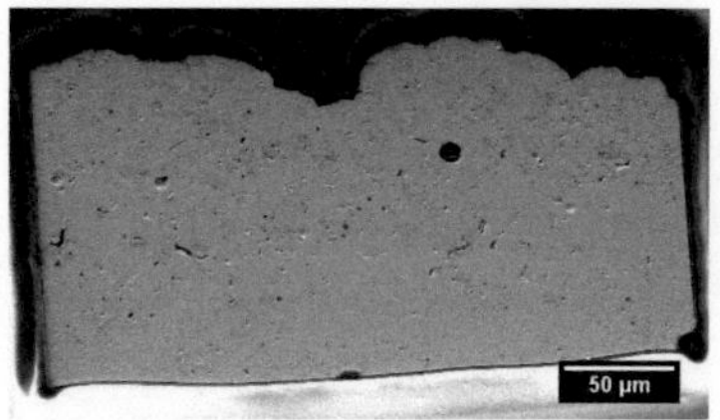

Abb. 3.40: SEM-Aufnahme Querschliff der Ni-Al-MPK, abgeschieden nach Beschichtung der Partikel in Alkohol, mit DPA (links), OPA (rechts)

3.3.2 Einfluss Rührgeschwindigkeit und Orientierung im Bad

Mit Erhöhung der Rührgeschwindigkeit nehmen die Anhäufungen der Partikel bzw. Überwachsungen an den Unterseiten und auch an den Aussenseiten der Strukturen zu, allerdings lässt sich mit der Erhöhung der Rührgeschwindigkeit auch der Partikelgehalt in der Schicht positiv beeinflussen [Abb. 3.41].

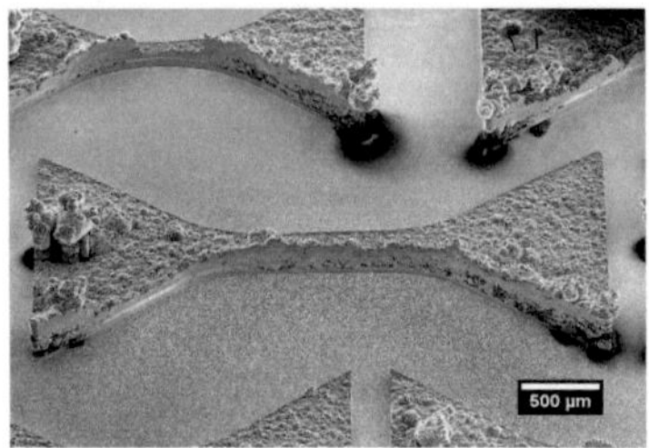

Abb. 3.41: SEM-Aufnahme Ni-Al-SDS in Mikroprüfkörperstruktur, Rührgeschwindigkeit 750 rpm, Stromdichte 2 A/dm^2

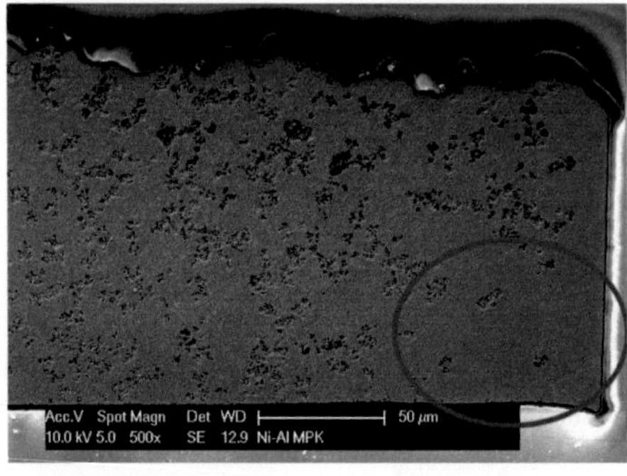

Abb. 3.42: Auswirkung der Kavitätstiefe auf die Partikel-Mitabscheidung

3.3.3 Partikelverteilung in MPK und TEM-Scheiben

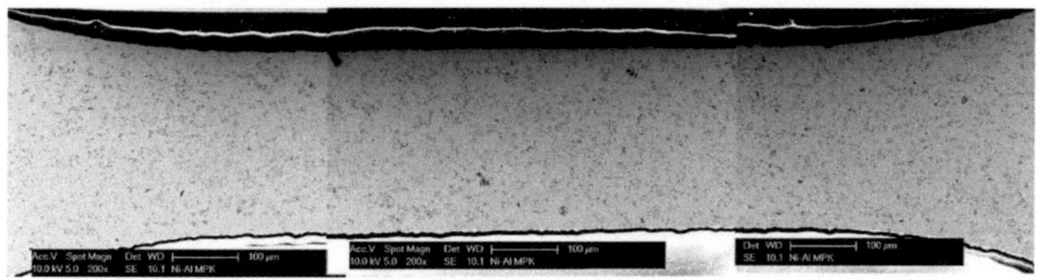

Abb. 3.43: Verteilung der Partikel in der Messstrecke der MPK, hier abgeschieden mit OPA

Die Partikelverteilung in den MPK erscheint in der Messstrecke optisch homogen [Abb. 3.43]. Ein Linienscan mit EDS bestätigt diese Annahme. In den Querschliffen der MPK durch die Messstrecke ist feststellbar, dass die eingebettete Partikelmenge in der Mitte der Probe bei Aspektverhältnis 1 höher ist als in den Ecken [Abb. 3.42], was auf einen Konvektionseinfluss in Verbindung mit den Kavitäten in dem LIGA-Substrat schließen lässt. Bei den deutlich größeren TEM-Scheiben mit Aspektverhältnis 0,1 ist dieser Einfluss nicht feststellbar.

Unterschiede im Aluminiumgehalt sind bei den Abscheidungen mit DPA und OPA über den Wafer festzustellen. Ist bei einer Abscheidung mit SDS der Al-Gehalt über den Wafer nahezu konstant, so nimmt er bei Abscheidungen mit OPA und DPA mit der Eintauchtiefe in das Bad zu [Abb. 3.44].

3.3.4 Abscheidung in MEMS-Teststruktur

Bei der Abscheidung in die Teststruktur für MEMS [Abb. 3.45, 3.46] zeigen beide Schichten Sedimentation an den Substrat-Seitenwänden und Bereiche mit erhöhter Oberflächenrauheit. Dabei scheinen die negativen Auswirkungen bei dem Ansatz Ni-Al-SDS geringer zu sein als bei Ni-Al-OPA. Die Abscheidung in kleine Kavitäten ist limitiert über die Partikel- bzw. Agglo-

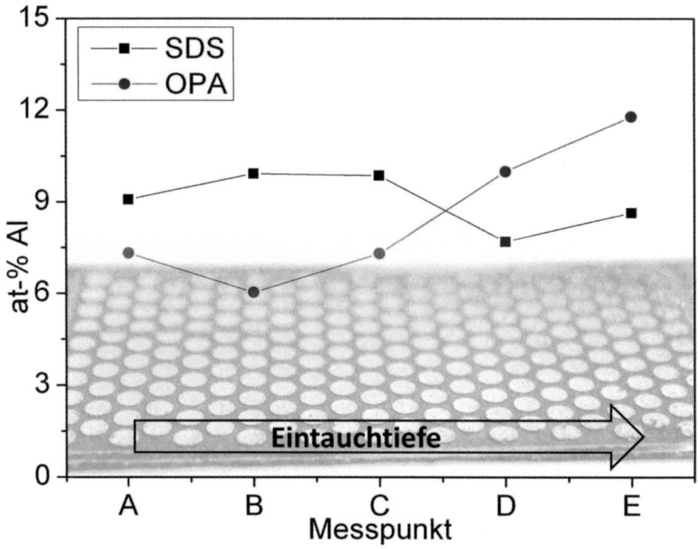

Abb. 3.44: Einfluss der Position im Bad auf den Partikelgehalt

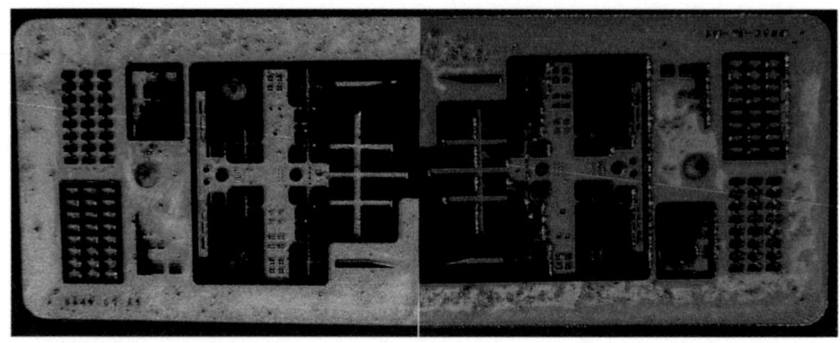

Abb. 3.45: Abscheidung von Ni-Al-SDS in MEMS-Teststruktur (links), Ni-Al-OPA
(rechts), Stromdichte 2 A/dm^2, kleine Kavitäten

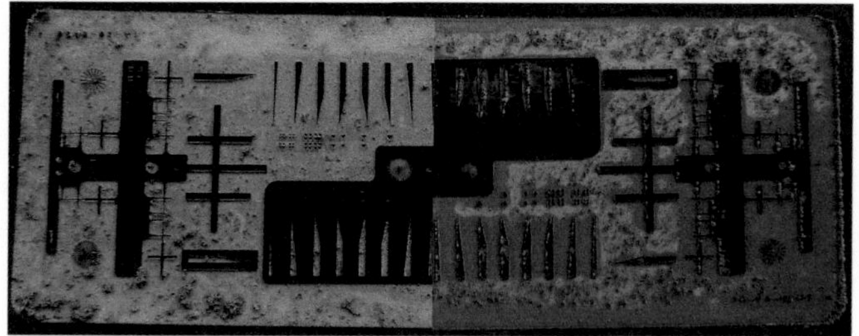

Abb. 3.46: Abscheidung von Ni-Al-SDS in MEMS-Teststruktur (links), Ni-Al-OPA (rechts), Stromdichte 2 A/dm^2, große Kavitäten

meratgröße, so dass in Kavitäten mit einer Breite kleiner als 500 nm wohl nicht mehr Ni-Al abgeschieden werden kann. Kleine Substratstrukturen mit großen Kavitäten werden gut von Nickel mit eingebetteten Partikeln umwachsen [Abb. 3.47].

Abb. 3.47: SEM-Aufnahme Ni-Al-SDS (links), Ni-Al-OPA (rechts) in Teststruktur, Detail

3.4 Diskussion der Ergebnisse aus der elektrochemischen Abscheidung

In der Nickelabscheidung ist eine 100-prozentige Stromausbeute nicht erreichtbar. Die kathodische Nickelabscheidung findet bei einem Potential statt, bei dem sich auch Wasserstoff in geringen Mengen durch kathodische Reduktion von Wasser bilden kann. Somit laufen an der Kathode zwei unterschiedliche Prozesse gleichzeitig ab, und der Strom teilt sich auf diese Prozesse auf. Dies resultiert in der Bildung von Wasserstoffblasen an der Kathode. Um diesen Effekt zu vermindern, werden dem Elektrolyten Additive wie SDS, die auf der Kathode aufziehen, in geringen Mengen zugegeben. Diese Additive können unter anderem auch zur Stabilisierung von Partikeln in wässriger Lösung eingesetzt werden. Die Stabilisierung wirkt wie folgt (102):

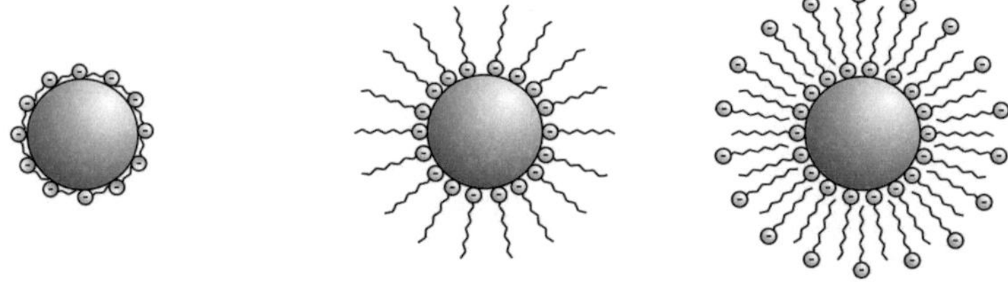

Abb. 3.48: elektrostatische Stabilisierung (links), sterische Stabilisierung (Mitte), elektrosterische Stabilisierung (rechts) der Partikel

Bei der elektrostatischen Stabilisierung müssen auf der Oberfläche der Teilchen Ladungen vorhanden sein, die dann durch Gegenionen (bei positiv geladenen Oberflächenladungen also Anionen) kompensiert werden [Abb. 3.48, links] (156). Die Gegenionen sitzen allerdings nicht direkt auf der Oberfläche der Partikel, sondern bilden eine diffuse Ionenschicht um die Partikel herum. Die Abstoßung zwischen den diffusen Ionenschichten um die Partikel stabilisiert die Dispersion. Durch die im Nickelelektrolyten vorliegenden Ionen wird diese Doppelschicht allerdings zerstört oder verändert, dass sich die Partikel soweit aneinander annähern können, dass zwischen ihnen die attraktiven **van-der-Waals**-Kräfte wirken und die Dispersionen wieder instabil werden. Daher kann eine elektrostatische Stabilisierung in der Ni-Al-Dispersionsabscheidung ihre Wirkung nicht voll entfalten.

Sterische Stabilisierung tritt ein, wenn durch Adsorption oder kovalente Bindungen an der Oberfläche der Partikel langkettige Moleküle angeheftet werden, wie dies bei SDS, OPA und DPA der Fall ist. Sofern sich die entstandenen Additivhüllen nicht ineinander verhaken, bleiben die Teilchen so weit voneinander entfernt, dass ihre Dispersion in der Lösung stabil bleibt [Abb. 3.48, mitte] (81).

Die elektrosterische Stabilisierung kombiniert die beiden Mechanismen der elektrostatischen und sterischen Stabilisierung, wobei die Ladungen, die für die Abstoßung verantwortlich sind, an den Enden der Molekülketten angesiedelt sind. Die Bildung einer Doppelschicht aus verschiedenen Additiven mit unterschiedlichen Ladungen auf der Oberfläche der Partikel erzeugt diese Stabilisierung [Abb. 3.48, rechts].

Bei den Abscheidungen mit unterschiedlichen Additiven und Additivgehalten in Verbindung mit einer Partikelzugabe zeigte sich, dass die Oberflächenladung der Partikel und die Art der Additive den Partikeleinbau in Dispersionsschichten beeinflussen. Natürlich spielt die Konzentration des Tensids eine wichtige Rolle [Abb. 3.49] (125). Bei Zugabe des Additivs stellt sich eine Gleichgewichtskonzentration zwischen Molekülen, die auf den Oberflächen aufziehen, und den Molekülen in Lösung ein. Ist die Konzentration des Additivs zu gering, wird nicht die gesamte Oberfläche der Partikel mit Molekülen besetzt, so dass zwar eine geringe, elektostatische Stabilisierungswirkung erzielt werden kann, die chemische Stabilisierung aber nicht ausreichend ist [Abb.3.49, Region 1]. Bei zu hoher Dosierung oberhalb des CMC-Punktes (kritische Mizellbildungskonzentration) werden nicht nur die Partikel mit einer Doppelschicht belegt, es entstehen in der Lösung Assoziationskolloide von Tensidmolekülen [Abb.3.49, Bereich 3], die mehrere Nanometer groß werden können (125).

Diese Effekte erklären die unterschiedlichen Abscheidungsergebnisse mit Variation des k-Werts ($k = \frac{Konzentration\ Additiv\ c_{Add}\ [g/l]}{Konzentration\ Al-Partikel\ c_{Al}\ [g/l]}$). Ist der Additivgehalt nicht ausreichend, ist die Stabilisierungswikung zu gering und die Partikel zeigen eine hohe Bereitschaft zu agglomerieren. Ein zu hoher SDS-Gehalt führt zu der Bildung einer Doppelschicht mit resultierender negativer Außenladung auf den Partikeln. Diese Ladung kann durch den negativen

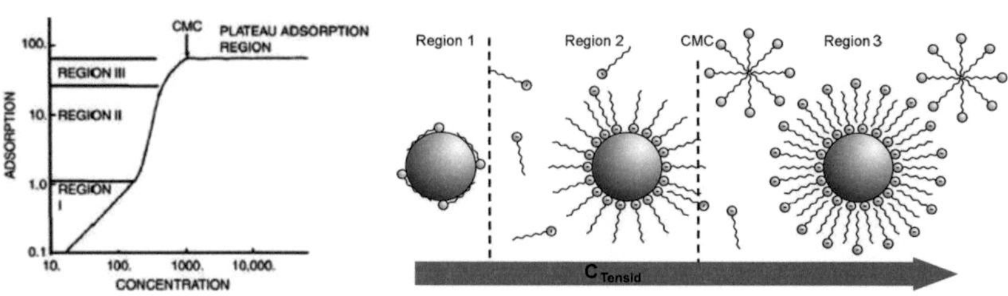

Abb. 3.49: Abhängigkeit der Partikelstabilisierung von der Tensidkonzentration (125)

Ladungsüberschuss an der Kathode zu einer Abstoßung der Partikel führen.

Bei den hier eingesetzten Partikeln aus Aluminium kommt zu der Stabilisierung gegen Agglomneration zusätzlich die Abschirmung vor dem chemischen Angriff der oxidierenden wässrigen Umgebung hinzu. Durch das Aufbringen von oberflächenaktiven Additiv-Molekülen, die an der Oxid-Oberfläche der Al-Partikel aufziehen, lassen sich die Partikel sowohl gegen Agglomeration als auch gegen die weitere Oxidation im wässrigen Elektrolyten schützen.

Die Zugabe von Additiven zur Stabilisierung reaktiver Partikel in wässrigen Elektrolyt-Lösungen hat nicht nur Auswirkungen auf die Einbaurate von Partikeln in die Schicht, sondern auch auf die Mikrostruktur der erzeugten Schichten. Die Versuche haben gezeigt, dass eine Zugabe von Additiven wie SDS und OPA oder DPA zu einer Kornvergröberung und durch die bevorzugte Wachstumsrichtung normnal zur Abscheidefläche zu einer Textur in (111)-Richtung im elektrochemisch abgeschiedenen Nickel führen. Durch das Aufziehen der Additive auf freien Oberflächen wird die Anzahl der Keimflächen für Kornwachstum reduziert, so dass Kornwachstum eher an bereits bestehenden Kristallebenen stattfindet, als dass neue Körner gebildet werden.

Durch Zugabe der Partikel wird die Größe der freien Oberflächen drastisch erhöht. Bei Zugabe von 10 g/l Al-Nanopartikel mit einem Durchmesser von 100 nm wird dem Additiv eine reaktive Oberfläche von ca. 200 m^2

angeboten. Dies führt auch zu einer deutlichen Zunahme von angebotenen Keimflächen für das Nickelwachstum, da jedes Partikel, das in Kontakt mit der Kathodenoberfläche kommt, auch Teil der Kathodenoberfläche wird und Nickel darauf abgeschieden werden kann, was in einer deutlich reduzierten Korngröße resultiert.

Die Mechanismen, die bei der Mitabscheidung von Partikeln bei der elektrochemischen Abscheidung wirken und somit Auswirkungen auf den Partikelgehalt und die Partikelverteilung in der abgeschiedenen Schicht haben, sind nach wie vor Gegenstand der Forschung und können noch nicht erschöpfend erklärt werden.

Einfache Modelle von Saifullin und Kahlilova (123) geben für die Zusammensetzung der Verbundschicht aus Partikeln und Matrix-Material nach elektrochemischer Abscheidung eine Formel zur Umrechnung der Partikelkonzentration in den Massenbruch an. Diese Berechnung kann als grobe Bestimmung des zu erzielenden Al-Gehalts in der erzeugten Schicht herangezogen werden, die Messungen aus Abscheidungen mit unterschiedlichen k-Werten zeigt aber, dass bei konstantem Partikelgehalt im Elektrolyten das Additiv/Partikelverhältnis ebenso in die Abscheiderate von Partikeln mit eingeht.

Die Modelle von Guglielmi (47), Valdes (155) und Celis, Roos und Buelens (20) definieren den Partikeleinbau über den Abstand der Partikel zur Kathode. Fasst man alle Modelle zusammen, so wird ein kritischer Abstand zwischen Partikel und Kathodenoberfläche definiert, bei dessen Unterschreitung die Partikel durch Adsorption unwiederbringlich eingebaut werden. Fraglich bleibt, ob diese Modelle auch auf stabilisierte Partikel anwendbar sind, da dort eine Schicht auf die Partikel aufgebracht wird, so dass die van-der-Waals-Kräfte nicht wirken können. Mit SDS stabilisierte Partikel werden in der Lage sein, die Additivschicht an der Kathode „abzustreifen" und somit den kritischen Abstand unterschreiten, da die Wasserstoff-Brückenbindung recht locker ist. Bei mit OPA stabilisierten Partikeln ist ein Abstreifen durch die kovalente Bindung wahrscheinlich nicht möglich.

Kariapper und Foster (69) sehen die Konvektion als zu steuernde Einflussgröße auf die Menge der mitabgeschiedenen Partikel, da eine erhöhte Konvektion zu einer vermehrten Kollision der Partikel mit der Kathodenoberfläche führt und dadurch mehr Partikel eingebaut werden. Prinzipiell kann dieses Modell durch die erzielten Ergebnisse der durchgeführten Versuche bestätigt werden. Allerdings dürfte die Zunahme des Partikeleinbaus an dem vermehrten Einbau von größeren Partikelagglomeraten liegen, da durch die höhere Konvektion auch größere Agglomerate in höhere Schichten des Elektrolyten transportiert, und als Agglomerat in die Schicht eingebaut werden. Eine hohe Konvektion führt jedoch auch zu einem größeren Verlustrisiko von Partikeln an der Oberfläche, da sie auch die entscheidende Kraft für die Wiederablösung der Partikel vor einem Einbau in die Schicht darstellt. Das Aufstellen eines Kräftegleichgewichts zum Beschreiben der auf den Partikel wirkenden Kräfte in der Suspension führt zu dem Modell von Fransaer (41) [Abb. 3.50]. Dazu gehören die Kräfte aufgrund der Konvektion, die Bewegung der Teilchen im elektrischen Feld sowie die äußeren Kräfte wie Gravitation und Kräfte in der Doppelschicht.

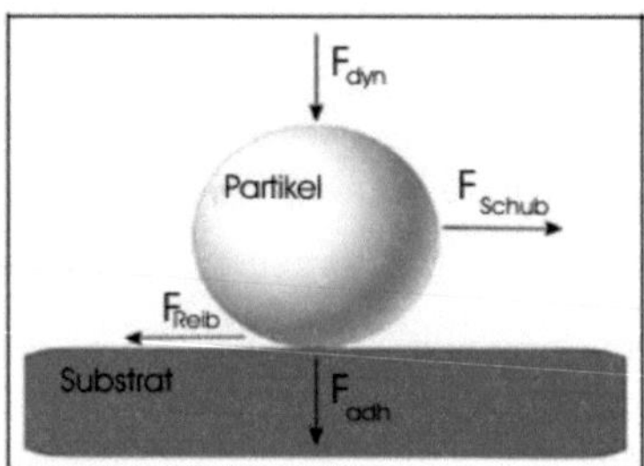

Abb. 3.50: Partikeleinbettung nach dem Modell von Fransaer (41)

Nach Fransaer hat die Konvektion des Bades und die Van-der-Waals-Kraft hauptsächlichen Einfluss auf die Bewegung der Teilchen zur Kathode in vertikaler Ausrichtung, während die Auswirkungen der Doppelschicht und die Bewegung im elektrischen Feld vernachlässigt werden können. Die Wahrscheinlichkeit, dass ein Teilchen, das in Kontakt mit der Elektrode gebracht wird, auch eingebettet wird, hängt demnach von der Adhäsionskraft zwischen Partikel und Kathodenoberfläche ab, die größer sein muss als die Schubkraft, die durch die Konvektion auf die Partikel wirkt.

Bei horizontaler Ausrichtung der Kathode, d.h. einer Co-Abscheidung mittels Sedimenttechnik, ist die Gravitation die maßgebende Einflussgröße für den Partikelgehalt in der abgeschiedenen Schicht. Die Abscheidungen führen allerdings zu deutlich raueren Schichten, die einen nicht unwesentlichen Porengehalt aufweisen. Die sedimentierenden Partikel werden nicht mehr vollständig vom Nickel umwachsen, da die Höhe der Partikelschicht schneller wächst als die umschließende Nickelschicht.

Der Effekt der Additive ist anhand der Oberflächenspannung messbar. Die Ergebnisse der Messung zeigen ein verzögertes Aufziehen bei dem Additiv SDS. Da dieses Additiv über die Bildung von Wasserstoffbrückenbindungen bindet, ist die Stabilisierungswirkung nicht sehr hoch, da sich ein Gleichgewicht zwischen auf der Partikeloberfläche gebundenen und freien Molekülen im Elektrolyt bildet [Abb. 3.51, links]. Zum anderen tritt das Additiv mit den im Elektrolyten vorliegenden freien Ionen in Konkurrenz um den Platz an der Oberfläche der Partikel. Demnach zeigen mit SDS stabilisierte Partikel im Nickel-Elektrolyten keine hohe Langzeitstabilität.

Eine verbesserte Stabilisierung tritt bei Verwendung der Phosphonsäuren ein, da diese Moleküle mit der Al-Oberfläche eine kovalente Bindung eingehen [Abb. 3.51, rechts], sofern die Beschichtung der Partikel in nichtwässriger Lösung stattfindet (70). Diese Bindung bleibt auch bei Konzentrationsschwankungen des Additivs und Änderungen der Ionenkonzentration und demnach des pH-Werts im Elektrolyten noch stabil, was sich positiv auf die Langzeitstabilität auswirkt.

Die Phosphonsäuren OPA und DPA zeigen in wässriger Lösung eine nur sehr geringe Löslichkeit. In dem Arbeits-pH-Bereich von 5,5 bis 6 sind die Phosphonsäuren mit CH-Kettenlängen 8-10 nahezu unlöslich. Eine Lö-

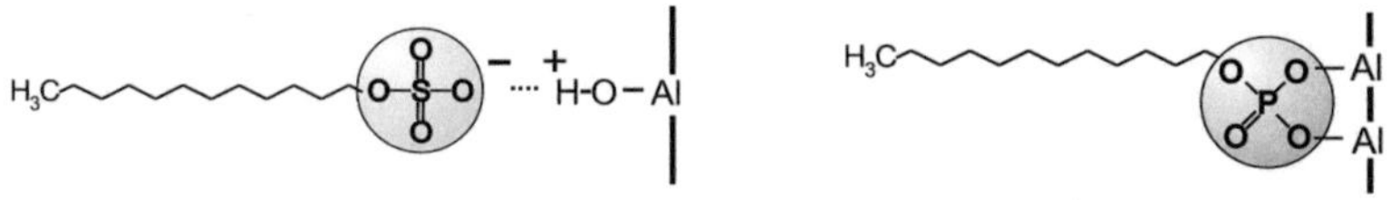

Abb. 3.51: Bindung der Additive an der Aluminiumoxid-Schicht, Wasserstoffbindung bei SDS (links), kovalente Bindung bei OPA (rechts)

sung in konzentrierter Natronlauge (pH 12) ist möglich, allerdings fällen die Phosphonsäuren dann bei Zugabe in den Elektrolyten wieder aus, und die Partikelstabilisierung gelingt nicht, da nur ein geringer Teil auf die Partikel aufzieht. Bei Lösung des Additivs in Ethanol und anschließender Zugabe der Partikel ist eine Stabilisierung der Partikel erfolgreich, die Partikel zeigen anschließend bei Zugabe zum wässrigen Nickelelektrolyten hydrophobe Eigenschaften. Ein Überschuss an Additiv im Elektrolyten zeigt jedoch eine Inhibition der Nickelabscheidung, da auch das Additiv an der Kathode auf der Titanoxidschicht des Substrats kovalent bindet und damit ein Reduzieren der Nickelionen an der Kathode erschwert. Daher ist eine Schichtabscheidung der Ni-Al-Schichten nur dann erfolgreich, wenn die Alkohol-Additiv-Lösung durch Zentrifugieren von den bereits mit OPA beschichteten Partikeln getrennt wird. Abscheidungen mit auf diese Weise hergestellten Elektrolyten erzeugen Schichten mit homogen verteilten Al-Partikeln in der Schicht und einem Al-Gehalt von 10 bis 15 at-%.

Über die Stromdichte lässt sich gezielt die Abscheiderate, d.h. die abgeschiedene Schichtdicke pro Zeit regulieren. Normale Stromdichten bei der Nickelabscheidung aus Sulfat-Bädern liegen zwischen 0,5 und 5 A/dm^2. Bei Sulfamatbädern kann bei deutlich höheren Stromdichten bis zu 25 A/dm^2 (153) bzw. 50 A/dm^2 (162) abgeschieden werden. Bei der Partikelmitabscheidung führt eine zu hohe Stromdichte zu starker Rauigkeit und Porosität der Schichten, da die Partikel nicht mehr vollständig umwachsen werden. Daher ist man bei einer Co-Abscheidung auf kleinere Stromdichten limitiert. Gleiches gilt für die Abscheidetemperatur. Für thermisch aktivierte Prozesse gilt: Je höher die Temperatur, um so besser laufen diese Prozesse ab, d.h. für die Abscheidung, um so höher ist die Stromausbeute (38). Entscheidend ist jedoch der Diffusionskoeffizient von Ni^{2+} im Bad. Bei der Nickelabscheidung werden Temperaturen zwischen Raumtemperatur und 50-60 °C eingesetzt. Zu hohe Temperaturen führen zu Wasserverlust durch Abdampfen, der nachdosiert werden muss. Scheidet man Partikel mit ab, vor allem oberflächenreaktive Partikel, so empfiehlt sich keine zu hohe Temperatur zu wählen, da sonst die Partikel schneller angegriffen werden.

Die Verteilung der Partikel in der Schicht ist je nach eingesetztem Additiv unterschiedlich. Anhand der im FIB präparierten Schnitte der Proben aus verschiedenen Elektrolytzusammensetzungen ist bei den Phosphonsäuren eine verhältnismäßig gleichmäßige Partikelverteilung in der Schicht zu beobachten, wo hingegen bei den mit SDS stabilisierten Elektrolyten die abgeschiedenen Schichten eine Agglomerat-Abscheidung mit Bereichen ohne Partikeln aufweisen. Korrespondierend mit der EDS-Auswertung zeigt sich jedoch auch hier eine ausreichende Dispergierung der Partikel in der Nickelmatrix.

Dies lässt sich mit den Ergebnissen aus der Sedimentation korrelieren. Die verbesserte Stabilisierung der Partikel im OPA-Ansatz lässt sich durch die Sedimentation der Partikel im Elektrolyten im Vergleich zum Ansatz mit SDS deutlich machen. Die deutlich verlangsamte Sedimentation in Verbindung mit dem Volumen des Schluss-Sediments lässt auf eine verbesserte Stabilisierung im OPA-Ansatzes zurückschließen. Durch die Vereinzelung der Partikel, bzw. durch Bildung nur sehr kleiner Agglomerate ist die Sedimentation verlangsamt. Das Sediment des OPA zeigt eine größere Raumerfüllung im Bad, was auf eine stärkere Abstoßung zwischen den Partikeln, und damit verbunden eine verbesserte Stabilisierung schließen lässt. Auch die Langzeitstäbilität des Elektrolyten mit OPA-Ansatz ist deutlich besser als beim Ansatz mit SDS. Nach Ruhezeiten bis zu 3 Wochen und anschließender Dispergierung sind Ni-Al-Schichten aus dem OPA-Ansatz mit nahezu vergleichbarer Zusammensetzung und Mikrostruktur erzeugbar. Der Elektrolyt auf SDS-Basis erzeugt im Vergleich dazu nach längerer Ruhezeit

Schichten mit sehr hoher Oberflächenrauheit und deutlich reduziertem Al-Gehalt. Der mittels EDS gemessene Sauerstoffgehalt in der Schicht nimmt zu, was auf eine schleichende Umwandlung der Partikel in Al_2O_3 schließen lässt.

Aus den Elektrolyten Ni-Al-SDS sind Schichten mit einem Al-Gehalt bis zu 8 at-% realisierbar, allerdings bleibt die Reproduzierbarkeit der Schichtzusammensetzung weiterhin eine Herausforderung. Diese Ergebnisse decken sich mit Ergebnissen von Zhou und Yang, die mit dieser Art Elektrolyt Oxidationsschutzschichten aus Ni-Al-Kompositen hergestellt haben (171), (169). Abscheidungen über die Sedimenttechnik, wie sie Liu und Chen (90) (89) zur Beschichtung von heißgehenden Teilen untersucht haben, erzielten zwar einen deutlich höheren Al-Gehalt in der Schicht, allerdings ist eine Verwendung bei dicken Schichten bzw. Mikrostrukturen durch die entstehende Porosität nicht möglich.

Stabilere Ergebnisse sind mit der Zusammensetzung Ni-Al-OPA bzw. Ni-Al-DPA zu erzielen. Damit konnten aus unterschiedlichen Elektrolytansätzen und mehreren Abscheidungen Schichten mit einem Partikelgehalt zwischen 10 und 12 at-% gewonnen werden.

Untersuchungen im TEM zeigen, dass die Partikel auch nach Exposition im Nickel-Elektrolyten noch größtenteils metallisch vorliegen. Die Partikel weisen eine Passivierungsschicht an der Aussenseite von etwa 5 nm auf, die der Oxidschicht im Ausgangszustand vor Zugabe zum Elektrolyten entspricht. Diese Messungen konnten mittel XPS-Untersuchungen bestätigt werden, da nach sputtern der obersten Schicht im Vakuum metallisches Aluminium nachgewiesen werden konnte. Expositionen von Al-Partikeln mit dünnerer Oxidschicht im Elektrolyten führte durch die wässrige Umgebung zu einem Verbrennen der Partikel sofort nach Zugabe. Durch Beschichten in sauerstoffarmer Umgebung bzw. in Alkohol mit einem über kovalente Bindung aufziehenden Additiv könnten auch Al-Nanopartikel mit dünnerer Oxidschicht angewendet werden.

Abscheidungen mit kommerziellen Zusätzen aus der Lack- und Keramikherstellung führen zu unbefriedigenden oder ganz fehlenden Einbauraten von Al-Partikeln in die Nickelmatrix. Da Lacke hauptsächlich im basischen Bereich eingestellt sind, können die Additive aus der Lackdispersion im „sauren" Ni-Elektrolyt ihre Wirkung nicht wirklich entfalten. Auch sind diese Rezepturen meist eine Kombination aus verschiedensten Zutaten, die nicht oder nur schwer in Erfahrung gebracht werden können.

Auch Dispergiermittel, die in der Aufbereitung von Aluminiumoxid-Schlickern in der Keramikherstellung eingesetzt werden, zeigten bedauerlicherweise nicht die erhoffte Stabilisierungswirkung. Der Grund wird in der zu keramischem Aluminiumoxid unterschiedlichen Oberfläche des natürlichen Oxids und des zum Keramikschlicker unterschiedlichen pH-Wertes zu finden sein, so dass die Additive ggfs. nicht die erwünschte Stabilisierungswirkung erbringen können.

Positiv geladene Additive sollten eigentlich die Abscheidung der Partikel deutlich verbessern, da die Partikel aufgrund der resultierenden positiven Aussenladung für die Einbettung an der Kathode an Attraktivität gewinnen. Versuche mit dem Additiv 1-Dodecyl-Trimethylammoniumchlorid (MAC) zeigen jedoch den Aufbau von starken Eigenspannungen in den abgeschiedenen Schichten, die durch das deutlich veränderte Wachstumsverhalten zu erklären sind.

Der Ansatz, die Partikel durch eine Aluminiumoxid-affine Schicht zu stabilisieren, und anschließend mit einem kationischen Tensid die Kathodenaffinität zu verbessern, war mit den gewählten Additiven ebenso wenig erfolgreich. Zwar wurde grundsätzlich ein Einfluss auf das Nickelwachstum festgestellt, eine Verbesserung des Aluminiumeinbaus blieb jedoch aus. Hier ist eine deutlich genauere Überwachung des Beschichtungsprozesses nötig, unter Umständen sollte hier der Ansatz der Beschichtung in Alkohol mit anschließender Trennung des Tensidüberschusses verfolgt werden, um den Effekt der doppelten Beschichtung weiter zu untersuchen.

Erste Egebnisse im ternären Gebiet Ni-Al-Ti lassen auch auf die Möglichkeit der ternären Abscheidung von Nickellegierungen hoffen. Die Partikelgehalte der erzeugten Schichten zeigten jedoch, dass die dem Bad zugesetzten Partikel in Konkurrenz treten. Geringe Gehalte an Ti von annähernd 2 at-% werden auf Kosten des Al-Gehalts in der Schicht eingebaut. Die zugesetzten Ti-Partikel zeigen eine deutlich höhere Neigung zu agglomerieren, als die Al-Partikel. Der Grund dafür liegt wahrscheinlich in der Tatsache, dass der Arbeits-pH-Wert des Nickel-Elektrolyten dem *PZC* (isoelektrischer Punkt) der Titanpartikel sehr nahe ist. Somit tragen die Ti-Partikel kaum Oberflächenladung, was das Aufzugsverhalten der Additive deutlich beeinflussen kann und damit Auswirkung auf die Stabilisierung der Partikel hat. Über die Konvektion des Elektrolyten sind die sich bildenden Agglomerate nicht soweit in der Schwebe zu halten, dass sie vermehrt in die Schicht eingebaut werden könnten.

Die Ergebnisse zeigen jedoch, dass eine Mehrelementeabscheidung in Nickelbädern möglich ist, allerdings muss durch eine weitere Variation des Elektrolyten und/oder der Einsatz neuer Additive eine Lösung zur Ausschaltung der Partikelkonkurrenz gefunden werden. Eine weitere Variation kann eine kombinierte Matallabscheidung Nickel-Chrom (59), (60) mit zugesetzten Partikeln darstellen (166).

Die Ergebnisse der Abscheidung in die Mikroprüfkörperstruktur unterscheiden sich im Partikelgehalt nicht von den Ergebnissen aus der Schichtabscheidung. Allerdings sind Wechselwirkungen zwischen der Tiefe der Kavitäten in dem Substrat und der Konvektion des Elektrolyten feststellbar. Bei geringer Konvektion können Mikrostrukturen mit geringer Oberflächenrauheit erzeugt werden, allerdings weicht der Al-Gehalt in diesen Strukturen von dem der erzeugten Schichten ab. Ist die Konvektion zu hoch, können Partikel und Partikelagglomerate in den Kavitäten sedimentieren, ohne vollständig in die aufwachsende Nickelschicht eingebaut zu werden [Abb. 3.52]. Dies führt zu Inhomogenität bei der Partikelverteilung und wirkt sich ebenso negativ auf die Oberflächenqualität aus. Durch die Anwendung einer *rotierenden Scheibenelektrode*, wie in Arbeiten von Lee und Talbot (85), d.h einer während der Abscheidung rotierenden Kathode wird sich dieses Phänomen reduzieren lassen. Dieses Verfahren war jedoch im Labormaßstab derzeit nicht umsetzbar.

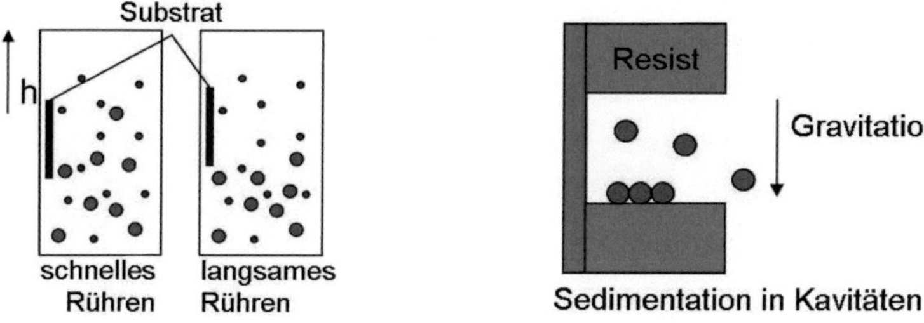

Abb. 3.52: Einfluss von Konvektion (links) und Gravitation (rechts) auf die Partikelmitabscheidung

Als weiterer Effekt stellte sich auch heraus, dass sich durch hohe Konvektion in den Kavitäten der LIGA-Struktur Sekundärströmungen ausbilden können, die den Ionen- und Partikeltransport an die Kathodenoberfläche behindern.

Je nach Tiefe der Kavität und je nach Strömungsgeschwindigkeit bilden sich durch die Konvektion unterschiedliche Sekundärwirbel in den Kavitäten aus. Bei breiten und flachen Kavitäten (kleines Aspektverhältnis) entstehen die Sekundärwirbel nur in den Ecken [Abb. 3.53, links)], wohingegen in der Mitte der Flächen die Partikel durch die Konvektion direkten Kontakt zur Abscheidefläche erhalten und mit abgeschieden werden. Ist die Kavität dagegen klein im Durchmesser und tief (hohes Aspektverhältnis), wird sie durch eine oder mehrere Sekundärströmungen ausgefüllt, die sowohl die Partikel als auch die Nickel-Ionen auf dem Weg zur Kathodenoberfläche durchwandern müssen [Abb. 3.53, rechts)] (54) (148). Daher kann davon ausgegangen werden, dass der Partikelgehalt in der abgeschiedenen Mikrostruktur mit zunehmendem Aspektverhältnis abnehmen wird und Inhomogenitäten im Partikelgehalt, wie bei den MPK in den substratseitigen Ecken der Strukturen auftreten.

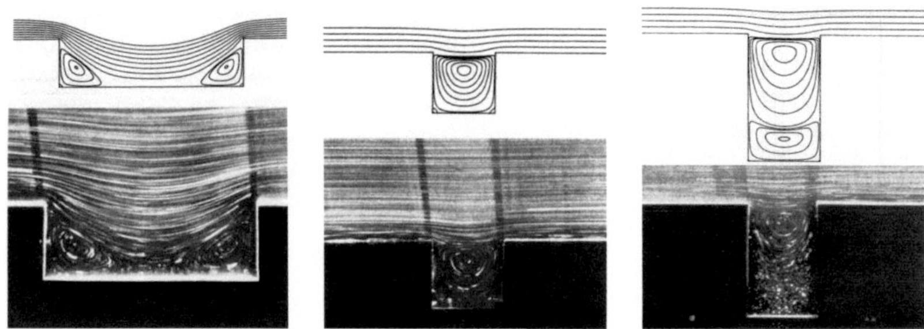

Abb. 3.53: Einfluss von Kavitäten auf Primärströmung - Aspektverhältnis 0,25 (links), Aspektverhältnis 1 (mitte), Aspektverhältnis 2 (rechts) (54) (148)

Es bleibt also zu klären, inwieweit ein Kompromiss eingegangen werden muss zwischen notwendiger Konvektion des Bades zur Aufrechterhaltung der Stabilisierung der Partikel, hoher Konvektion für eine ausreichende Abscheiderate der Partikel in der Schicht und - je nach Kavitättiefe und Orientierung im Bad - minimaler Konvektion, um Sedimentation in den Kavitäten und Sekundärströmungen zu vermeiden.

Im Falle des Mikroprüfkörper-Layouts konnte durch die Reduktion der Konvektion für die Weiterverarbeitung akzeptable Prüfkörper hergestellt werden, für kleinere Kavitäten sollte die Konvektion den Anforderungen angepasst werden.

4 Ergebnisse der Wärmebehandlung

Ziel der Wärmebehandlung ist die Umwandlung eines Ni-Al-Kompositen in einen Ni-Al-Mischkristall mit γ'-Ausscheidungen. Laut Phasendiagramm [Abb. 1.7] muss für einen $\gamma - \gamma'$-Mischkristall ein Aluminiumgehalt von mindestens 7 at-% vorliegen, was anhand von EDS-Messungen an den abgeschiedenen Ni-Al-Kompositschichten nachgewiesen werden konnte.

Um die Wärmebehandlungsdauer zu bestimmen, wurde sowohl über die Quellengleichung (2.13) einer versiegenden Alumniumquelle die Dauer des Lösungsglühens bestimmt (s. Anhang C), als auch die auftretenden Kräfte in den eingebetteten Aluminumpartikeln simuliert (s. Anhang B) und analytisch berechnet (s. Anhang A), die durch die unterschiedlichen Wärmeausdehnungskoeffizienten von Aluminium, Aluminiumoxid und Nickel entstehen. Grundsätzlich gilt:

$$\varepsilon_T = \alpha_T \Delta T \tag{4.1}$$

mit α_T als dem Wärmeausdehnungskoeffizienten.

Für die thermisch induzierte Spannung im völlig dehnungsbehinderten Materialvolumen kann anschließend über die thermische Ausdehnung und das Hooksche Gesetz $\sigma = E \cdot \varepsilon$ auf die auftretenden thermischen Spannungen im Material zurückgeschlossen werden:

$$\sigma_T = -E\,\alpha_T\,\Delta T \tag{4.2}$$

Berücksichtigt man die unterschiedliche thermische Ausdehnung von Al, Al_2O_3 im Vergleich zu Ni, ergibt sich hier für die Materialpaarung Al-Al_2O_3 bei einer Temperaturänderung von $\Delta T = 1100°C$ rechnerisch eine thermische Spannung im Aluminiumoxid von ~4,3 GPa (s. Anhang B), eine Belastung, die deutlich oberhalb der Bruchzähigkeit von Al_2O_3 liegt und zum Aufbrechen der Oxidhülle ausreichen sollte.

Die Simulation des Diffusionsfortschritts zeigt, dass bei einem Diffusionskoeffizienten von 10^{-14} m^2/s bis 10^{-16} m^2/s, wie er in der Literatur für Aluminium in Nickel in $1100°C$ für geringe Al-Gehalte zu finden ist [Abb. 2.9 (17)], nach etwa 1000 Sekunden eine Gleichgewichtskonzentration von Aluminium in der Nickelmatrix vorliegt [Abb. C.2], sofern das Aluminium über die komplette Partikeloberfläche diffundieren kann. Da der Diffusionskoeffizient für Nickel in Aluminium vergleichbar ist, gilt für den Diffusionsweg des Nickels in Aluminium das gleiche.

Allerdings steht nach dem Aufbrechen der Oxidhülle nicht die ganze Partikeloberfläche als Diffusionsübergangsfläche uneingeschränkt zur Verfügung, vielmehr ist sie durch die Al_2O_3-Schicht noch größtenteils bedeckt. Der Diffusionskoeffizient für Al in Al_2O_3 ist mit $D_{Al \rightarrow Al_2O_3} = 1,1 \cdot 10^{-19}$ m^2/s relativ gering (124). Kalkuliert man die resultierende Oberfläche der enstehenden Risse in der Oxidhülle, durch die das Aluminium diffundieren kann, steht nur rund 4 % der Oberfläche der Partikel als Diffusionsfläche zur Verfügung, was die Diffusionszeit zu längeren Zeiten hin beeinflusst, und in der Kalkulation der Lösungsglühdauer mit Faktor 25 eingeht.

4.1 Einfluss der Wärmebehandlung auf die Gefügestruktur

Reines, galvanisch abgeschiedenes Nickel zeigt, setzt man es hohen Temperaturen aus, eine sehr hohe Mobilität für Korngrenzenbewegung und Kornwachstum. Abbildung 4.1, links zeigt eine lichtmikroskopische Dunkelfeldaufnahme des Querschliffs in der Messstrecke eines ausgelagerten Nickel-MPK mit einer Korngröße von etwa 100 μm. Im Gegensatz dazu ist bei den MPK der Zusammensetzung Ni-Al-SDS, Ni-Al-DPA und Ni-Al-OPA ein ähnlich hohes Kornwachstum bei gleicher Wärmebehandlung nicht feststellbar [Abb. 4.1, rechts, 4.2]. Eine Untersuchung im TEM zeigt eine Korngröße von etwa 2 μm.

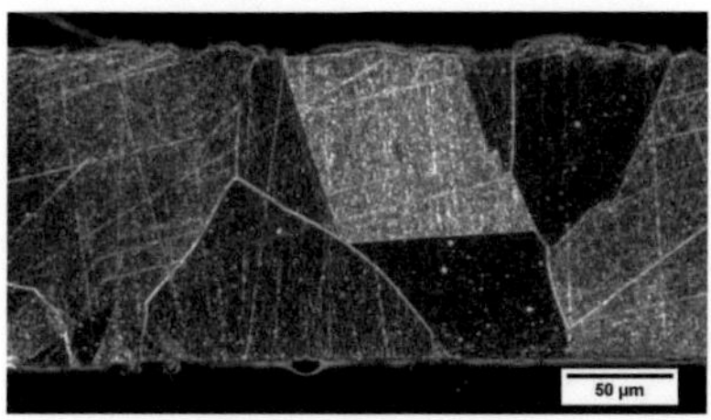

Abb. 4.1: MPK Ni-ht, Ni-Al-SDS, wärmebehandelt 1100 °C/2h, 700 °C/6h, lichtmikroskopische Dunkelfeldaufnahme

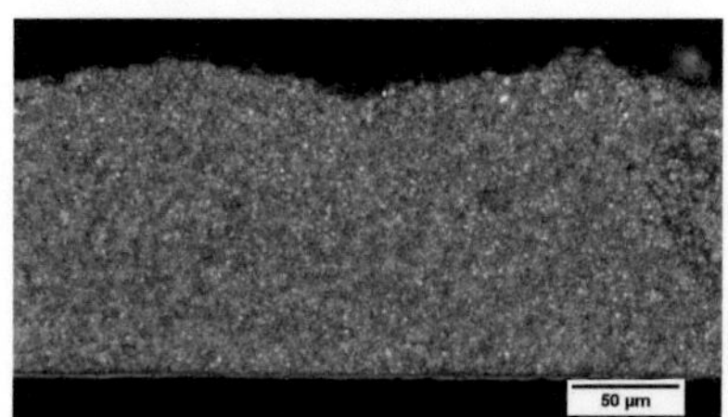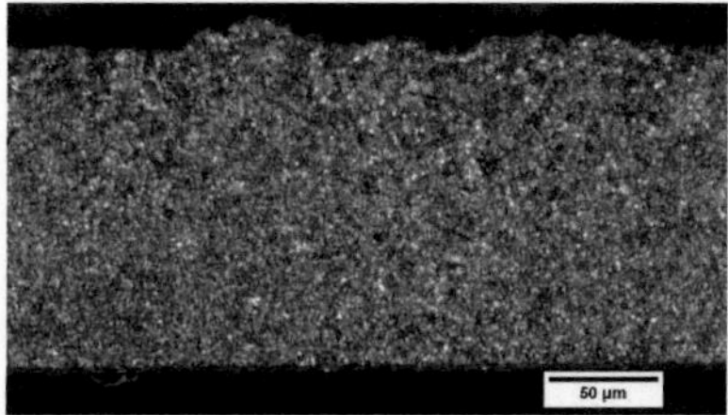

Abb. 4.2: MPK Ni-Al-DPA, Ni-Al-OPA, wärmebehandelt 1100 °C/2h, 700 °C/6h, lichtmikroskopische Dunkelfeldaufnahme

Betrachtet man dazu die Ergebnisse der XRD-Messungen, ist festzustellen, dass das Material die Textur in (111)-Richtung, die während der Abscheidung entsteht, verliert, und sich dafür die Vorzugsrichtung (200) ausbildet [Abb. 4.3]. Zu beobachten ist auch, dass der Peak für (111) und (200) zu kleineren Winkeln wandert, bzw. sich ein Doppelpeak bildet.

4.2 Nachweis der γ'-Phase

Im Anschluss an das Lösungsglühen soll durch ein Auslagern in Vakuum unterhalb der Solidus-Linie von Ni_3Al die Bildung von γ'-Ausscheidungen im Ni-Al-Mischkristall ermöglicht werden. Die Mobilität der Ni- und Al-Atome in diesem Temperaturbereich ist relativ gering [Abb. 2.10], so dass die Zeit für die Auslagerung länger gewählt werden muss als für das Lösungsglühen, um γ'-Ausscheidungen mit Nanometer-Größe zu erzeugen.

87

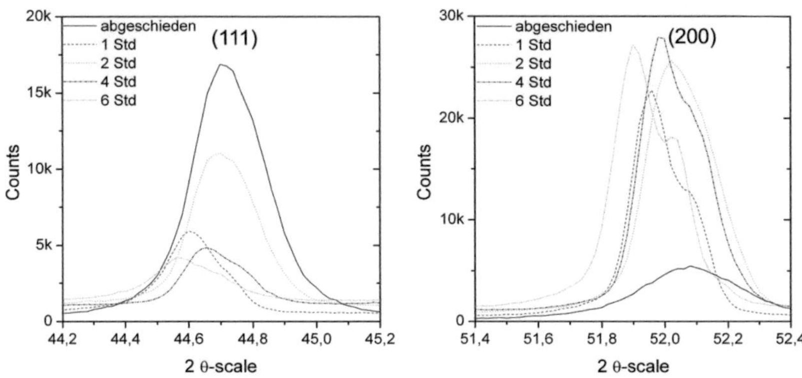

Abb. 4.3: Ergebnisse XRD Ni-Al bei unterschiedlicher Lösungsglühdauer, Kristallrichtung (111), (links) und (200), (rechts)

Durch Messungen im Röntgen-Diffraktometer (XRD) konnte in ausgelagerten Ni-Al-Schichten die γ'-Phase nachgewiesen werden [Abb. 4.4]. Nach
dem Auslagern kann durch Peaks der Kristallorientierung (100), (110),
(111) und (200) die Bildung der γ'-Phase verfolgt werden. Der zusätzliche Peak bei $2\Theta=32°$ legt die Vermutung nahe, dass im Material noch die
β-Phase Ni-Al vorliegt, die Bildung der Ni_3Al-Phase mithin noch nicht
vollständig abgeschlossen ist.

Untersuchungen im TEM gestalteten sich durch die aufwändige Probenpräparation des Materials als sehr schwierig, da die Schichten mittels Elek-
tropolieren durch den Gehalt an Al_2O_3-Agglomeraten für Aufnahmen in
hoher Vergrößerung nicht ausreichend gedünnt werden konnten. Im Beugungsbild der Hellfeldabbildung konnten Überstrukturen festgestellt [Abb.
4.5, links], in energiegefilterten TEM-Aufnahmen (EFTEM) konnten Aufweitungen der Ni-Gitterstruktur in Nanometergröße sichtbar gemacht werden [Abb. 4.5, rechts]. Dies ist ein Hinweis auf eine in der Matrix ausge-
schiedene Phase (Ni_3Al). Die Teilchengröße lässt sich mit diesem Verfahren
allerdings nicht eindeutig bestimmen, da die verspannten Teilchen durch die
Abbildung der sie umgebenden Spannungsfelder zu groß erscheinen (57).

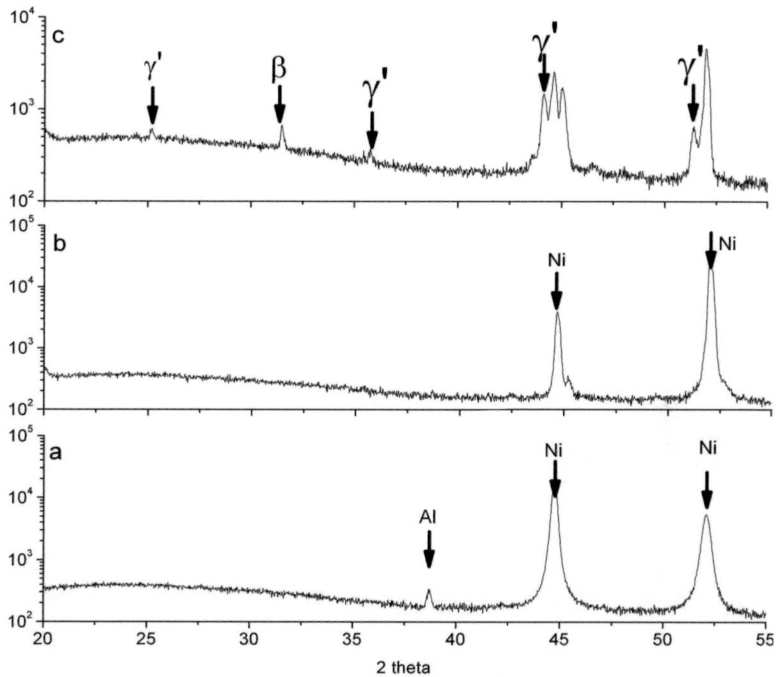

Abb. 4.4: XRD-Messung Ni-Al-SDS zur Phasenbestimmung, a: Abscheidezustand, b: Lösungsgeglüht 1100 °C/6h, c: ausgelagert 700 °C/6h

Aufnahmen im Dunkelfeld konnten über herkömmliche Verfahren hergestellte Proben aufgrund der nicht ausreichenden Dünnung und der geringen
Größe der Ausscheidungen nicht aussagekräftig abgebildet werden [Abb.
4.7, rechts]. Durch die Präparation einer FIB-Lamelle des wärmebehandelten Materials sind jedoch in der Nähe der aufgelösten Al-Partikel, die durch
die noch vorhandenen Al_2O_3-Reste detektierbar sind, eine Häufung von Re-
flexen erkennbar, die jedoch nicht die erwartete, geordnete Struktur von γ'-
Ausscheidungen aufweisen [Abb. 4.6, 4.7].

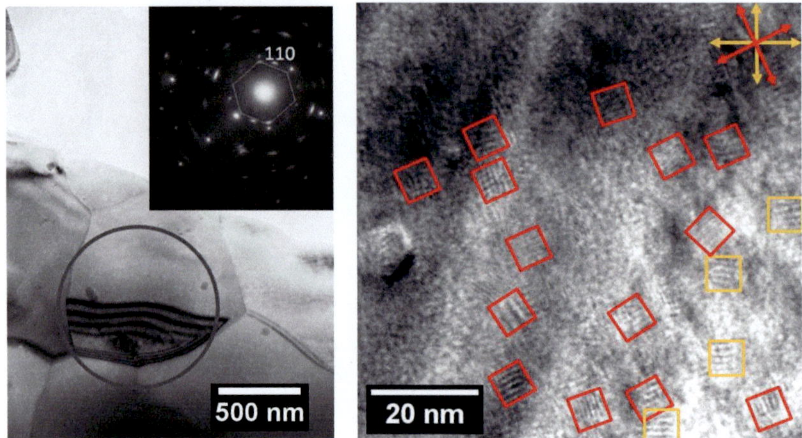

Abb. 4.5: TEM-Aufnahme einer elektrochemisch polierten TEM-Scheibe Ni-Al-SDS, wärmebehandelt, 1100 °C/2h, 700 °C/6h mit Beugungsbild (links), Ausscheidungen Ni_3Al, energiegefilterte EFTEM-Aufnahme (rechts)

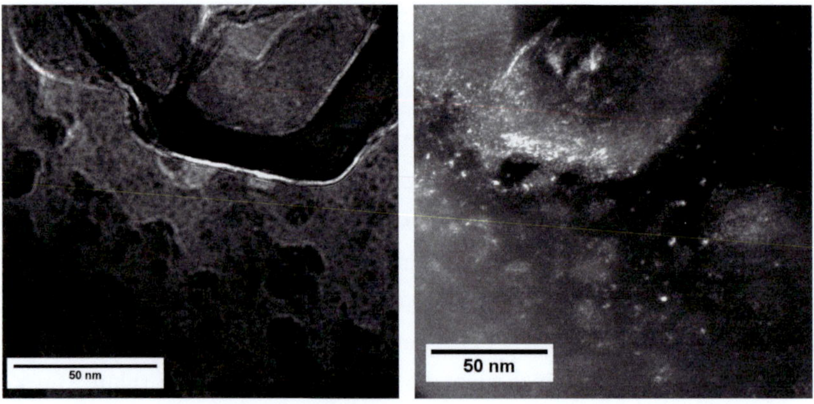

Abb. 4.6: Fib-präparierte TEM-Probe Ni-Al-SDS, wärmebehandelt, 1100 °C/6h, 700 °C/16h, Ausscheidungen Ni_3Al, Hellfeld (rechts), Dunkelfeld (links)

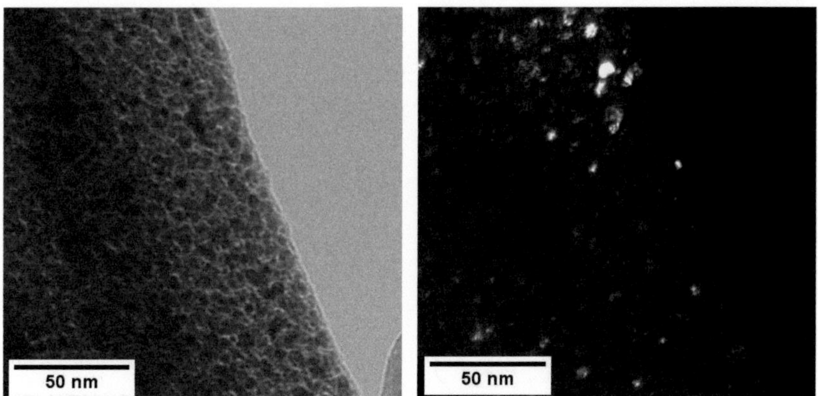

Abb. 4.7: Fib-präparierte TEM-Probe Ni-Al-OPA, wärmebehandelt, 1100 °C/6h, 700 °C/16h, Ausscheidungen Ni_3Al, Hellfeld (rechts), Dunkelfeld (links)

4.3 Diskussion der Ergebnisse aus der Wärmebehandlung

Damit aus dem Nickel-Aluminium-Komposit eine Nickel-Superlegierung mit γ-Matrix und Ni_3Al-Ausscheidungen entstehen kann, muss das metallische Aluminium, das im Kern der Nanopartikel vorliegt, in die Nickelmatrix diffundieren.

In in-situ-TEM-Versuchen konnte für freistehende Al-Si-Nanopartikel bei Temperaturen von 823 K das Verhalten der Oxidschicht von Storaska et al. (140) untersucht [Abb. 4.8] und für höhere Temperaturen für Al-Al_2O_3 von Puri und Yang (119) simuliert bzw. von Levitas et al. (87) berechnet werden. Eigene Berechnungen zur thermischen Ausdehung konnten den Druck, der in den Nanopartikeln durch die unterschiedliche thermische Ausdehnung aufgebaut wird, näherungsweise darstellen [A.6]. Die Ergebnisse der Berechnungen lassen darauf schließen, dass eine Temperaturbehandlung bei 1100 °C ausreichend ist, um die Oxidhülle der Partikel aufzubrechen (140) [s. Anh. B.1, B.2], so dass das Aluminium durch die entstehenden Kavitäten schneller in die Nickelmatrix diffundieren kann.

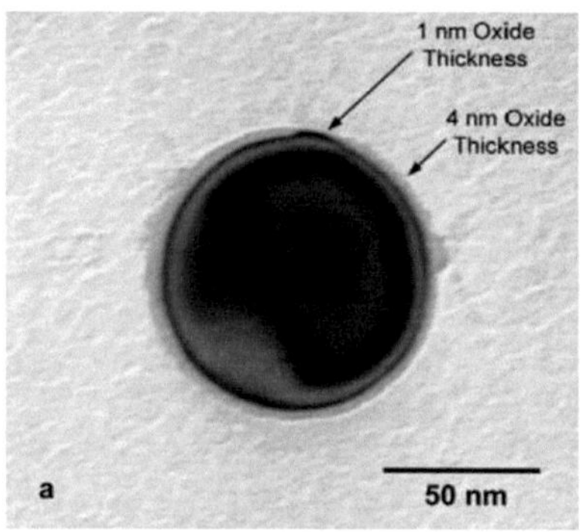

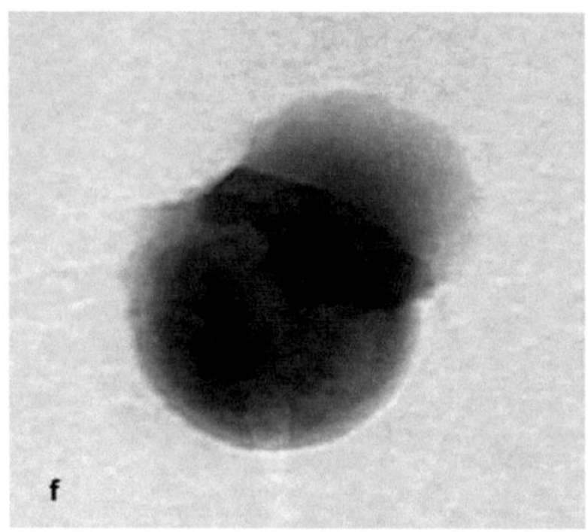

Abb. 4.8: Al-Si-Nanopartikel bei RT (links), Aufbrechen der Aluminiumoxidschicht bei 550 °C (rechts) (140)

Nach (29) lässt sich der Diffusionsstrom über eine Kugeloberfläche aus

$$\frac{\partial C}{\partial t} = D\left(\frac{\partial^2 C}{\partial x^2} + \frac{2}{x}\frac{\partial C}{\partial x}\right) \tag{4.3}$$

mit der Substitution $c = Cx$ zu einem linearen Problem transferieren mit

$$\frac{\partial c}{\partial t} = D\frac{\partial^2 c}{\partial x^2}. \tag{4.4}$$

Über diesen linearen Ansatz lässt sich die Diffusionszeit, die zur vollständigen Lösung des Al im Nickel benötigt wird (um den Partikel herrscht eine Konzentration von 25 % Al), vereinfachend bestimmen [Abb. C.1-C.4]. Berücksichtigt wurde die Phasenbildung während der Diffusion, da durch die Al-Diffusion rund um das Partikel die unterschiedlichen Mischphasen Ni_xAl_{1-x} entstehen und der Diffusionskoeffizient von Al und Ni in diesen Phasen unterschiedlich ist, indem die Diffusionszeit mit unterschiedlichen Diffusionskoeffizienten für die unterschiedlichen Phasen bestimmt wurde.

Die durch die Brüche entstandenen Kavitäten in der Al_2O_3-Schicht betragen nur etwa 4 % der zur Diffusion zur Verfügung stehenden Oberfläche der Partikel. Die Größe dieser Kavitäten haben einen deutlichen Einfluss auf die

Diffusionsdauer. Mit abnehmender Breite der Kavitäten verlangsamt sich die Diffusion deutlich.

Durch die zerbrochene, aber dennoch weiterhin vorliegende Oxidhülle wird der mögliche Diffusionsweg der Al-Atome jedoch deutlich eingeschränkt. Der Diffusionskoeffizient von Al in Al_2O_3 ist mit $1,1 * 10^{-19}\ m^2/s$ (124) im Vergleich zu den Diffusionskoeffizienten $D_{Ni \rightarrow Al}$ und $D_{Al \rightarrow Ni}$ sehr klein. Simulationen haben gezeigt, dass die Dicke der Oxidschicht der Partikel keine Auswirkung auf die Diffusionsgeschwindigkeit habt, so dass eine Diffusion durch die Al_2O_3-Hülle vernachlässigbar gering ist.

Die Löslichkeit des Aluminiums im Nickel-Mischkristall ist stark temperaturabhängig, bei hohen Temperaturen kann deutlich mehr Aluminium in Nickel als bei Raumtemperatur gelöst werden. Durch das beschleunigte Abkühlen nach dem Lösungsglühen soll im nun vorliegenden Ni-Al-Mischkristall nicht das Geichgewichtsgefüge $\gamma - \gamma'$ entstehen [vgl. Abb. 1.7, Kap. 1], sondern das Material liegt als Ni(Al)-Mischkristall bei Raumtemperatur vor. Da die Gleichgewichtsphasen nur bei sehr langsamer Abkühlung entstehen können (ein diffusionskontrollierter Vorgang), ist das Ergebnis des beschleunigten Abkühlens ein mit Aluminium übersättigter Nickel-Mischkristall.

Anhand der XRD-Profile des Ni-Al nach verschiedenen Lösungsglühzeiten ist erkennbar, dass das Aluminium vollständig im Nickel-Mischkristall in Lösung gegangen ist. Dies zeigt sich zum einen im Verschwinden des Al-Peak mit der Kristallrichtung (111) [Abb. 4.4], zum anderen lässt sich ein Wandern der Ni-Peaks für (111) bzw. (200) zu kleineren 2Θ-Winkeln durch die Einlagerung von Al im Gitter beobachten [Abb. 4.3].

Die Textur, die im abgeschiedenen Nickel aufgrund der Wachstumsrichtung der Schichten normal zur Abscheidefläche in (111)-Richtung vorliegt (die (111)-Ebenen liegen bevorzugt parallel zur Schichtebene), bildet sich durch das Lösungsglühen zugunsten der (200)-Kristallorientierung zurück [Abb. 4.3]. Die mittleren Korngrößen der Nickelschichten verändern sich zu größeren Werten, im großen Unterschied zum reinen, galvanisch abgeschiedenen Nickel bleiben sie jedoch im Nano- bzw. im einstelligen Mikrometerbereich.

Korngrenzen stellen als Grenzfläche einen Defekt in der Mikrostruktur dar, der in einer Erhöhung der inneren Energie resultiert, daher ist das Nickel aus thermodynamischer Sicht bestrebt, den resultierenden Energiebetrag der Korngrenzen durch Kornwachstum, d.h. durch die Reduktion der Grenzfläche zu minimieren. Die Stabilisierung der Mikrostruktur im Ni-Al-MK ist auf die im Material dispergierten Al-Partikel zurückzuführen, die wie eine Festphasen-Partikelverstärkung wirken und eine natürliche Barriere für die sich bewegenden Korngrenzen darstellt. Diese pinnen (Zener-Pinning) an den Al-Partikeln bzw. an den übrig-bleibenden Al_2O_3-Hüllen an und werden dadurch in ihrem Fortschreiten behindert. Das Losreißen der Korngrenze von diesen Hindernissen bedarf einer höheren Energie, als durch die Bildung von größeren Körnern gewonnen werden kann. Dies resultiert in der Reduktion des Kornwachstums in hohen Temperaturen und führt zu einem Gefüge mit einer deutlich reduzierten mittleren Korngröße.

Durch anschließendes Auslagern des Ni(Al)-MK bei Temperaturen unterhalb der Solidus-Linie von Ni_3Al bildet sich durch das thermodynamische Ungleichgewicht die thermodynamisch günstigere, feinverteilte Ausscheidung der Hochtemperaturphase Ni_3Al, die ab einem Al-Anteil von ca. 7 at-% stabil im γ-MK vorliegen kann. Die Anordnung der Ni_3Al-Phase führt durch den nur geringen Unterschied im Gitterabstand zu einer geringeren Verzerrungsenergie im Gitter als statistisch im Gitter verteilte Al-Atome. Der Anstieg der Grenzflächenenergie zwischen der Ni-Matrix und Ni_3Al ist ebenso geringer, so dass sich die Ni_3Al-Ausscheidungen aus Keimen im Mischkristall bilden (57). Anhands der Zeit-Temperatur-Diagramme für Ni-Al-Legierungen [Abb. 4.9 (57)] ist zu erkennen, dass die Keimbildung der Ni_3Al-Ausscheidungen bei geringen Al-Gehalten (c_{Al} = 11,58 at-%) und Auslagerungstemperaturen um 700 °C bevorzugt an Versetzungen im Material stattfindet, da dort aufgrund der vorliegenden Verzerrungsenergie die Aktivierungsenergie für Keimbildung reduziert wird.

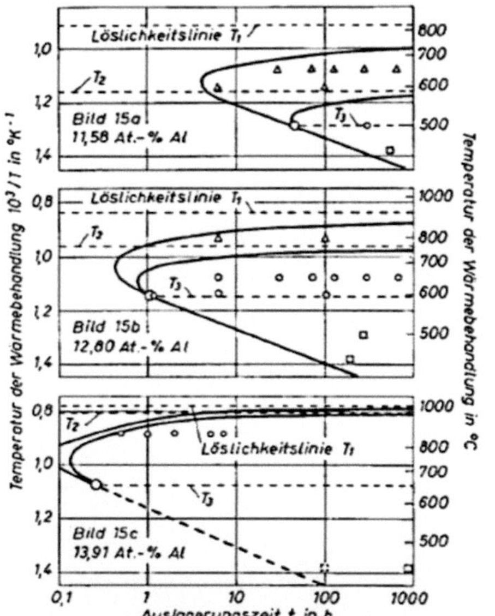

a bis c. Zeit-Temperatur-Keimbildungs-Diagramm von Nickel-Aluminium-Legierungen

△ Keimbildung nur an Versetzungen; ○ Keimbildung bevorzugt an Versetzungen; □ Keimbildung an Versetzungen und im Grundgitter gleichzeitig

Abb. 4.9: Zeit-Temperatur-Keimbildungsdiagramm von Ni_3Al-Ausscheidungen in Ni-Al-Legierungen (57)

Dort beginnen die Ni_3Al-Ausscheidungen zu Beginn rund, bei zunehmender Größe würfelförmig zu wachsen (104). Das Wachstum der Ausscheidungen verläuft nach der Theorie von C. Wagner (157) bei einer Temperatur proportional der dritten Wurzel der Zeit $\dot{r}_\gamma \sim \sqrt[3]{t}$. Da dieser Prozess wiederum diffusionskontrolliert stattfindet, spielt neben der Dauer der Auslagerung die Auslagerungstemperatur und die Konzentration des gelösten Aluminiums im Mischkristall eine entscheidende Rolle.

Bei hohem Al-Gehalt lassen sich durch Auslagern bei hohen Temperturen relativ schnell Ausscheidungen erzeugen, da die Keimbildung deutlich schneller stattfinden kann. Bei niedrigen Temperaturen fällt der Diffusionskoeffizient $D_{Ni \to Al}$ und $D_{Al \to Ni}$ schnell auf kleinere Werte ab, so dass das Wachstum der Ausscheidungen deutlich verlangsamt wird.

Durch die reduzierte Größe der Ausscheidungen im Ni-Al-SDS und Ni-Al-OPA lassen sich diese nur schwer im TEM nachweisen. Observationen im EFTEM können aber Aufweitungen der Gitterstruktur in der Größe von etwa 5 *nm* zeigen [Abb. 4.5]. Dunkelfeldaufnahmen der observierten Bereiche konnten leider keine belastbaren Aussagen über den Ni_3Al-Phasengehalt geben [Abb 4.6, 4.7]. Hirata et Kirkwood (55) erhielten vergleichbare Aufnahmen von einer Ni-6,05 wt% Al-Legierung, und konnten Ausscheidungen in vergleichbare Größen von 5-8 *nm* nachweisen.

Auch anhand der charakteristischen Peaks der Ni_3Al-Phase im XRD-Profil der ausgelagerten Probe Ni-Al-SDS kann auf die Anwesenheit der Ni_3Al-Ausscheidungen zurückgeschlossen werden.

Diese kohärenten Ausscheidungen bilden in Verbindung mit der Kornfeinung, der Festphasenverstärkung durch die Al_2O_3-Reste und mit der Bildung eines Mischkristallgefüges die Grundlagen für die deutlich verbesserten Hochtemperatureigenschaften der hergestellten Ni-Al-Legierungen, da sowohl diese Ausscheidungen, die Fremdatome, die Festphasen und die Korngrenzen zur Behinderung der Versetzungsbewegung führen.

5 Ergebnisse der mechanischen Charakterisierung

5.1 Ergebnisse der Härteprüfung mittels Nanoindentation

Zur Ermittlung von Härte und E-Modul wurden die Schichten im Nanoindenter untersucht. Die abgeschiedenen und wärmebehandelten Ni-Al-Schichten zeigen eine höhere Berkovic-Härte und einen vergleichbaren Elastizitätsmodul im Vergleich zum wärmebehandelten Nickel.

Die gemittelten Werte aus 20 Härte-Messungen liegen für Nickel bei E=204 $\pm$ 6,7 GPa, H_{Be}=2,1 $\pm$ 0,2 GPa.

Dem gegenüber stehen für die Zusammensetzung Ni-Al-SDS (8 at-% Al): E=218 $\pm$ 8,5 GPa, H_{Be}=2,4 $\pm$ 0,3 GPa und für Ni-Al-DPA (11 at-%): E=224 $\pm$ 7,8 GPa, H_{Be}=2,4 $\pm$ 0,7 GPa.

Die Zusammensetzung Ni-Al-OPA (12 at-% Al) zeigt mit 197 $\pm$ 6,1 GPa einen leicht geringeren E-Modul, allerdings eine deutlich höhere Härte mit H_{Be}=3,0 $\pm$ 0,2 GPa.

5.2 Ergebnisse der Zugversuche von Nickel

Die Gestaltung der MPK zeigte in einer FEM-Simulation des Zugversuchs, dass die von-Mises-Vergleichsspannung in der Messstrecke der Proben ihr Maximum hat [Abb. 5.1].

Als Referenz zum hergestellten Ni-Al-Material wurde LIGA-Nickel in das MPK-Layout abgeschieden. Die Prüfkörper wurden zusammen mit den Ni-Al-Prüfkörpern wärmebehandelt und ebenso bei Temperaturen von RT

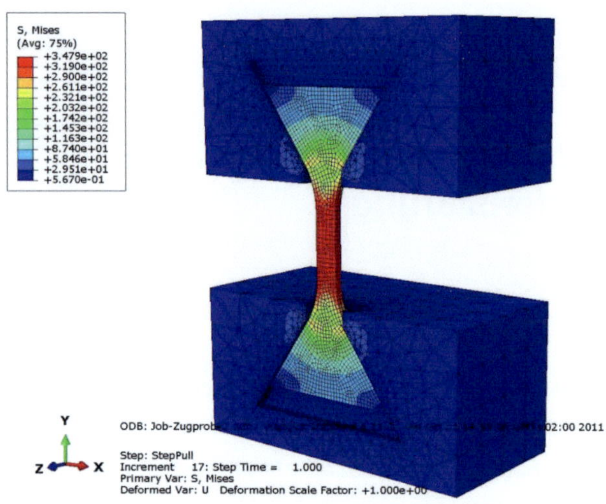

Abb. 5.1: MPK-Zug-Simulation in Abaqus, Darstellung der von-Mises-Vergleichsspannung

bis $500\,^\circ C$ getestet. Die resultierenden Zugverfestigungskurven sind in Abb. 5.2 dargestellt.

In Abb. 5.3 ist die Abhängigkeit der Festigkeit von LIGA-Nickel von der Exposition bei hohen Temperaturen mit und ohne Wärmebehandlung dargestellt [Abb. 5.3, links]. Sowohl die Streckgrenze $R_{p0,2}$ als auch die Zugfestigkeit R_m sinken drastisch bei einer Zugprüfung bei hohen Temperaturen. Wird Nickel einer Wärmebehandlung unterzogen und anschließend geprüft, liegt die Streckgrenze bei etwa 1/8 des Wertes ohne Wärmebehandlung, bei der Prüfung bei $500\,^\circ C$ ist dieser Faktor noch kleiner. Die Werte der erreichten Zugfestigkeit von wärmebehandelten und nicht wärmebehandeltem Nickel gleichen sich bei $500\,^\circ C$ an. Gleichzeitig geht dieser Effekt mit einer Abnahme des E-Moduls und einer Zunahme der Bruchdehnung ε_b einher [Abb. 5.3, rechts]. Liegt der Wert für Nickel im abgeschiedenen Zustand bei etwa 10 %, steigt dieser bei $500\,^\circ C$ auf etwa 25 %.

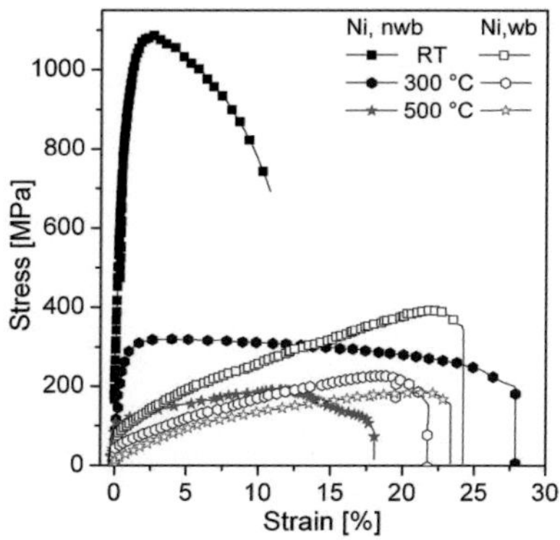

Abb. 5.2: Spannungs-Dehnungskurven LIGA-Nickel, nicht wärmebehandelt (nwb) und wärmebehandelt (wb, 1100 °C/2h, 700 °C/6h) bei unterschiedlichen Prüftemperaturen,

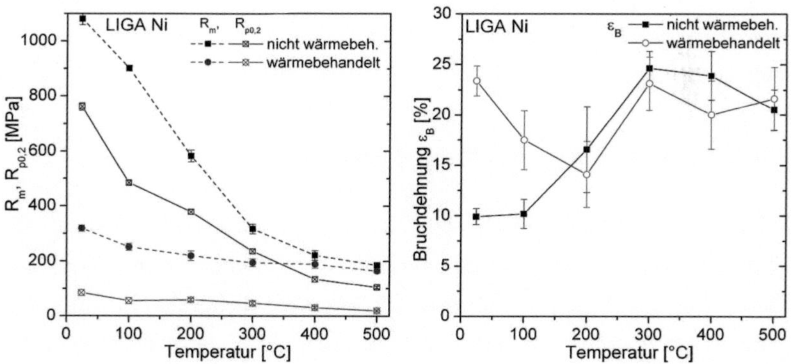

Abb. 5.3: Festigkeit und Bruchdehnung von Nickel-MPK aus Zugversuch, nicht wärmebehandelt/wärmebehandelt (1100 °C/2h, 700 °C/6h) R_m, $R_{p0,2}$ (links), ε_b (rechts)

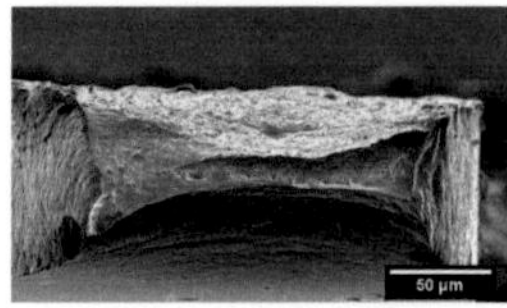 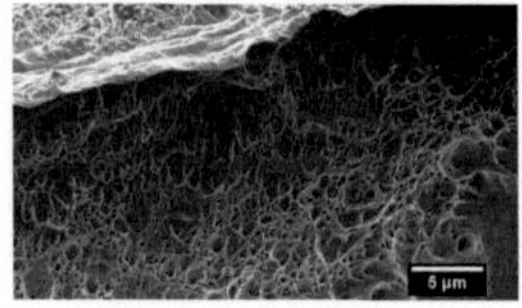 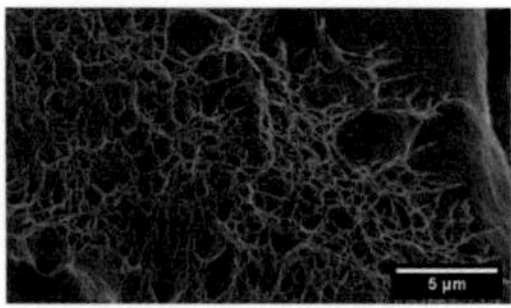

Abb. 5.4: SEM-Aufnahme der Nickel-MPK-Bruchfläche nach Zugversuch, nicht wärmebehandelt

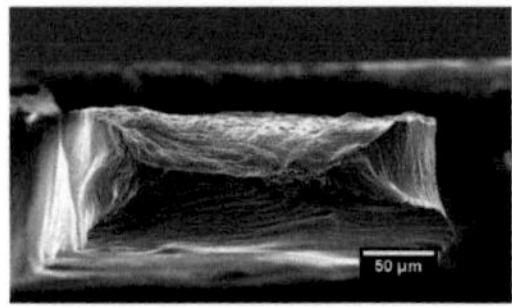 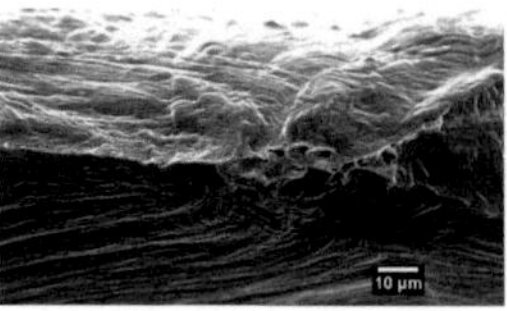 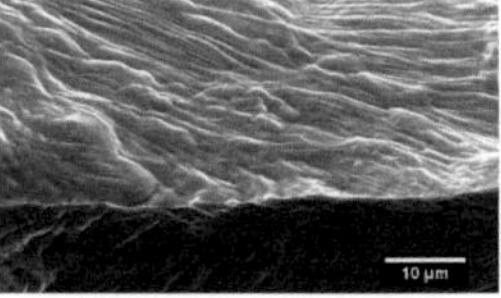

Abb. 5.5: SEM-Aufnahme der Nickel-MPK-Bruchfläche nach Zugversuch, wärmebehandelt bei 1100 °C/2h, 700 °C/6h

Anhand der Morphologie der Bruchflächen der abgeschiedenen und wärmebehandelten Ni-Proben ist die Veränderung des mechanischen Verhaltens feststellbar. Zeigt der Nickel im abgeschiedenen Zustand noch eine Einschnürung von etwa 50 % [Abb. 5.4], so lässt sich beim wärmebehandelten Nickel keine Bruchfläche mehr ausmachen, sondern die Einschnürung endet in der Ausbildung einer Messerschneide [Abb. 5.5].

5.3 Ergebnisse der Zugversuche an Ni-Al-X

Die Zusammensetzung Ni-Al-SDS zeigt nach gleicher Wärmebehandlung eine höhere Zugfestigkeit R_m und eine höhere Streckgrenze $R_{p0,2}$ als LIGA-Nickel [Abb. 5.6, links]. Zwar zeigt das Material auch eine Abnahme der Festigkeit mit zunehmender Prüftemperatur, jedoch ist die Reduktion geringer als bei dem LIGA-Nickel. Die Bruchdehnung ist nahezu konstant über das Temperaturspektrum [Abb. 5.6, rechts]. Unterschiedliche Wärmebehandlungen haben keinen gravierenden Einfluss auf die Festigkeitseigenschaften.

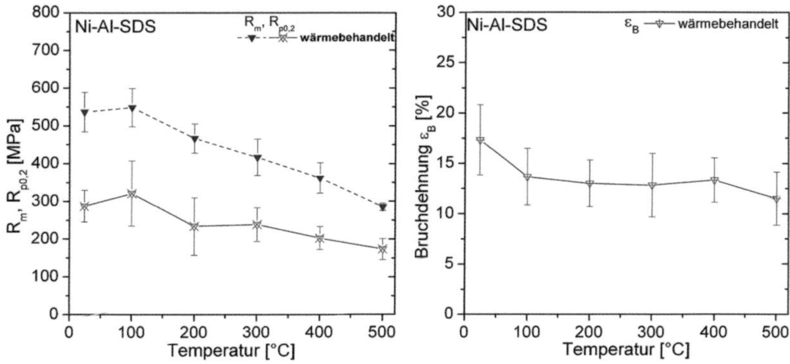

Abb. 5.6: Festigkeit und Dehnung von Ni-Al-SDS-MPK aus Zugversuch, wärmebe-handelt bei 1100 °C/6h, 700 °C/16h, R_m, $R_{p0,2}$ (links), ε_b (rechts)

Die Bruchflächen der Zusammensetzung Ni-Al-SDS zeigen im größten Teil eine duktile Bruchfläche. Die Einschnürung ist deutlich geringer als beim reinen Nickel [Abb. 5.7].

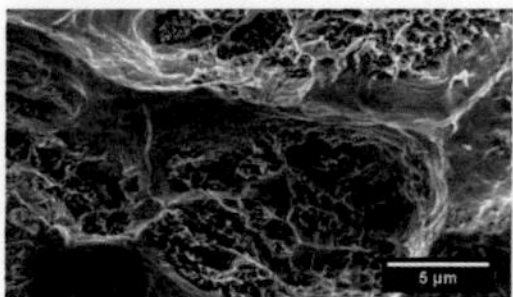

Abb. 5.7: SEM-Aufnahme der Ni-Al-SDS-MPK-Bruchfläche nach Zugversuch, wärmebehandelt bei 1100 °C/6h, 700 °C/16h

Eine höhere Festigkeit zeigen die Proben aus der Zusammensetzung Ni-Al-DPA [Abb. 5.8]. Die Streckgrenze zeigt bei Einsatztemperaturen um 200 °C ein Maximum bei annähernd 300 MPa, bei der Zugfestigkeit werden bei 500 °C noch Festigkeiten um 400 MPa gemessen. Allerdings streuen die Werte einigermaßen, denn durch die bei der Abscheidung entstandene Porosität im Material gibt es immer wieder frühe Ausfälle.

Die fraktographische Betrachtung der Bruchfläche Ni-Al-DPA zeigt ähnliche Eigenschaften wie die Ni-Al-SDS-Variante. Die Einschnürung ist deut-

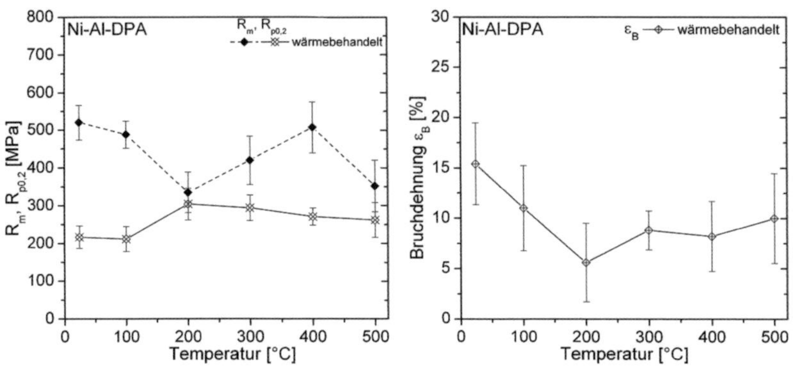

Abb. 5.8: Festigkeit und Dehnung von Ni-Al-DPA-MPK im Zugversuch, wärmebehandelt bei 1100 °C/6h, 700 °C/16h, R_m, $R_{p0,2}$ (links), ε_b (rechts)

lich geringer im Vergleich zum Nickel, die Bruchfläche zeigt größtenteils eine duktile Bruchfläche [Abb. 5.9].

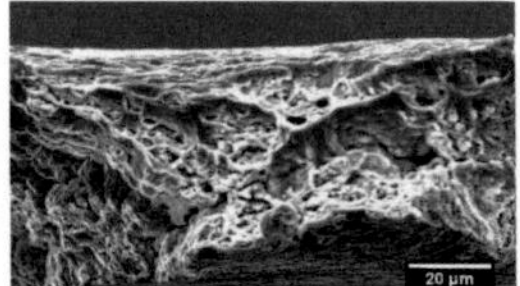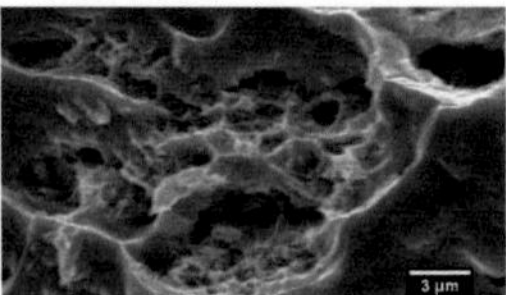

Abb. 5.9: SEM-Aufnahme der Ni-Al-DPA-MPK-Bruchfläche nach Zugversuch, wärmebehandelt bei 1100 °C/6h, 700 °C/16h

Schwankungsärmere Ergebnisse für Zugfestigkeit und Streckgrenze sind in der Zusammensetzung Ni-Al-OPA mit in Alkohol beschichteten Partikeln zu erzielen [Abb. 5.10]. Zugfestigkeiten von bis zu 600 MPa können bei Raumtemperatur und bis zu 380 MPa bei 500 °C erreicht werden. Die Streckgrenze erreicht Werte von 470 MPa bei RT und bis zu 310 MPa bei einer Temperatur von 500 °C. Ein längeres Lösungsglühen zeigt einen positiven Effekt auf die Festigkeitseigenschaften. Die Bruchdehnung liegt bei dieser Zusammensetzung zwischen 2 und 10 % und lässt sich komplett der

Gleichmaßdehnung zuordnen, da es - auch bei höherer Testtemperatur - zu keiner signifikanten Einschnürung der Probe kommt.

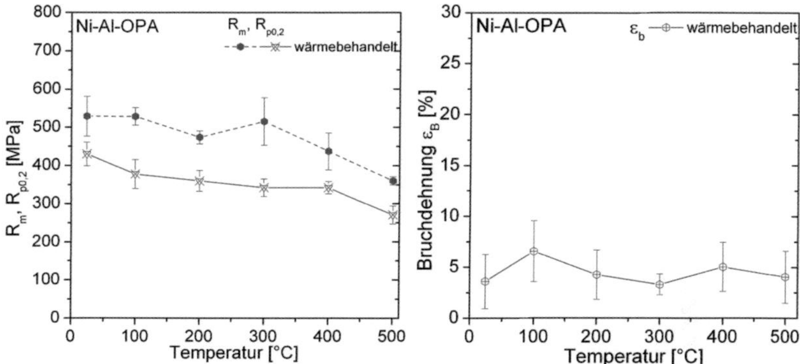

Abb. 5.10: Festigkeit und Dehnung von Ni-Al-OPA-MPK im Zugversuch, wärmebehandelt bei 1100 °C/6h, 700 °C/16h, R_m, $R_{p0,2}$ (links), ε_b (rechts)

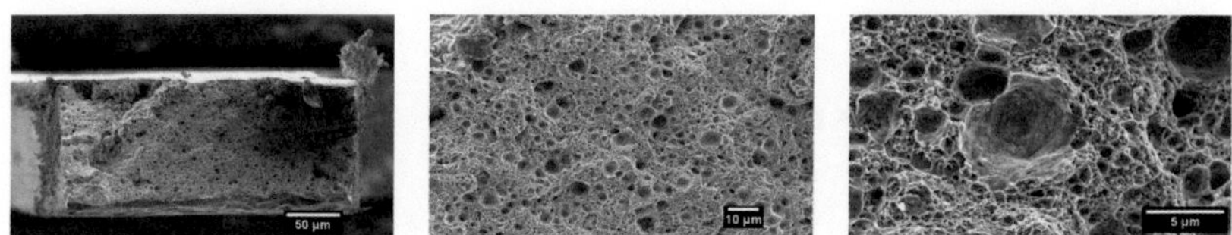

Abb. 5.11: SEM-Aufnahme der Ni-Al-OPA-MPK-Bruchfläche nach Zugversuch, wärmebehandelt bei 1100 °C/6h, 700 °C/16h

Die Bruchflächen zeigen eine ähnliche Morphologie wie die der Ni-Al-SDS- und Ni-Al-DPA-Proben [Abb. 5.11]. Eine Einschnürung ist kaum feststellbar. Die Morphologie der Bruchflächen zeigt auch bei Zugversuchen bis 500 °C keine gravierenden Veränderungen.

Approximiert man die erhaltenen Zugverfestigungskurven nach Umrechnung der Spannung σ in die wahre Spannung σ_w der Ni-Al-Materialien mit dem Ramberg-Osgood-Gesetz (2.15) und vergleicht diese mit denen der Nickelproben, lässt sich für die Zusammensetzung Ni-Al-OPA die höchste

Festigkeit, allerdings auch der geringste Verfestigungsexponent *n* feststellen [Abb. 5.12].

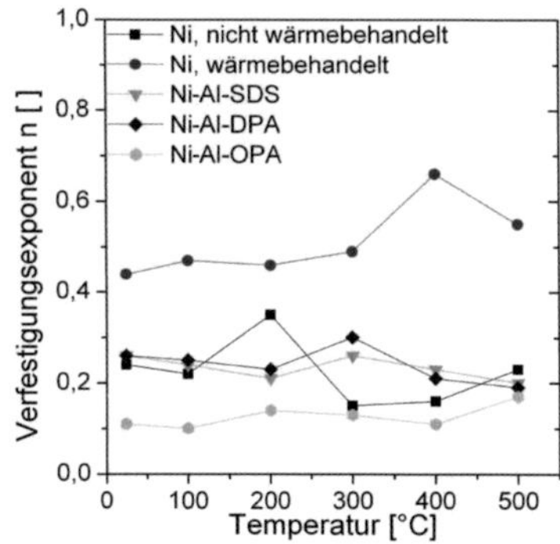

Abb. 5.12: Verfestigungsexponent *n* nach Ramberg-Osgood von Ni, nicht wärmebehandelt, wärmebehandelt und Ni-Al-X, wärmebehandelt in Abhängigkeit von der Temperatur

5.4 Ergebnisse der Kriechversuche

Kriechversuche wurden bei verschiedenen Temperaturen zwischen 300 $°C$ und 600 $°C$ mit jeweils drei unterschiedlichen, konstanten Zugbelastungen durchgeführt. Größtenteils wurden die Kriechversuche nur bis zum Erreichen des stationären Kriechens durchgeführt und nicht bis zum tatsächlichen Bruch der Probe.

LIGA Nickel zeigt sowohl in nicht wärmebehandeltem als auch in wärmebehandeltem Zustand keine große Kriechbeständigkeit, wobei Nickel im nicht wärmebehandelten Zustand unter konstanter Last eine höhere plastische Verformung vor dem Bruch zeigt [Abb. 5.13, links].

Die Nickellegierungen Ni-Al-SDS und Ni-Al-OPA hingegen zeigen im Vergleich zum wärmebehandelten und nicht wärmebehandelten Nickel einen deutlich höheren Widerstand gegen Kriechen [Abb. 5.14]. Die Kriechdeh-

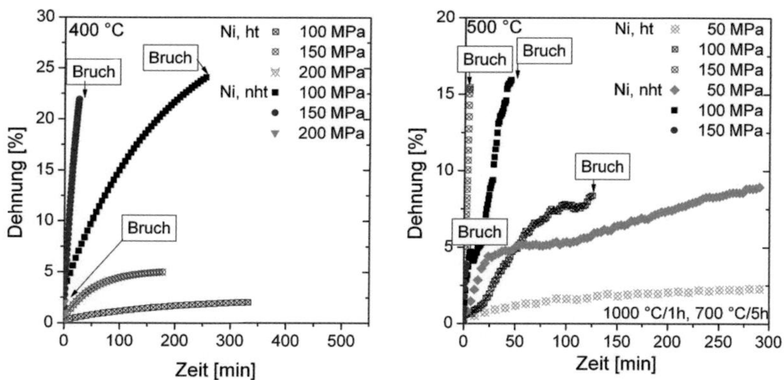

Abb. 5.13: Kriechverhalten von Ni-MPK, nicht wärmebehandelt, wärmebehandelt bei 1100 °C/2h, 700 °C/6h, bei 400 °C (links), 500 °C (rechts)

nung in 400 °C bleibt bis zu einer Belastung von 300 MPa nach 8 Stunden unter 0,5 %. Bei 500 °C kommt es ab 200 MPa zu einem Bruchversagen nach etwa 8 Stunden mit einer Bruchdehnung von 4,5 %. Bei weiterer Zunahme der Prüftemperatur auf 0,5 T_S zeigt auch die Zusammensetzung Ni-Al-OPA eine höhere Anfälligkeit gegen Kriechen [Abb. 5.15], die Kriechfestigkeit ist aber im Vergleich zum LIGA-Nickel immer noch um Größenordnungen höher.

5.5 Diskussion der Ergebnisse aus der mechanischen Charakterisierung

Nickel ist vor allem durch seine Festigkeit bei Raumtemperatur in Verbindung mit guter plastischer Verformbarkeit ausgezeichnet. Grundlage dieser Plastizität ist schubspannungsinduzierte Versetzungsbewegung über Gleitebenen im Nickelkristall.

Nickel verfügt durch die *fcc*-Gitterstruktur über 12 unabhängige Gleitsysteme. Wird eine hinreichend hohe Schubspannung, auch kritische Schubspannung τ_{crit} genannt, in den Kristall eingebracht, können Versetzungen

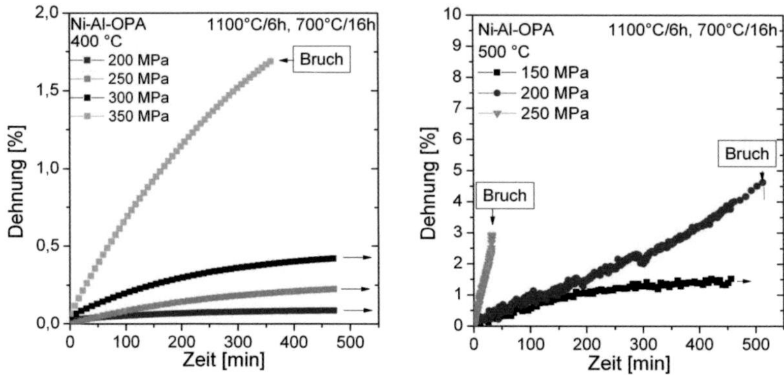

Abb. 5.14: Kriechverhalten des Ni-Al-OPA-MPK, wärmebehandelt bei 1100 °C/6h, 700 °C/16h, bei 400 °C (links), 500 °C (rechts)

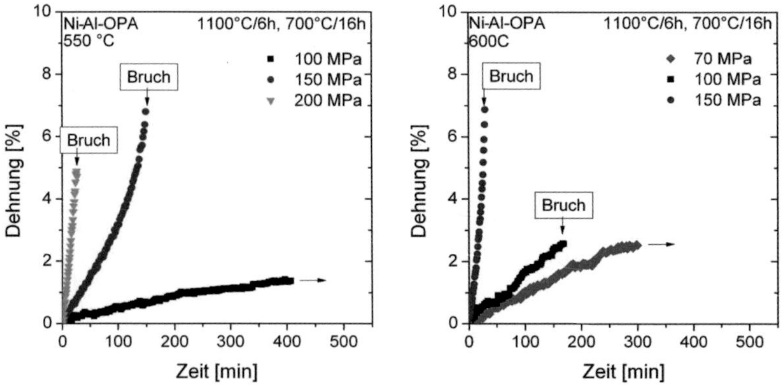

Abb. 5.15: Kriechverhalten des Ni-Al-OPA-MPK, wärmebehandelt bei 1100 °C/6h, 700 °C/16h, bei 550 °C (links), 600 °C (rechts)

mobilisiert werden und es kommt zu einer irreversiblen plastischen Verformung.

Prinzipiell geht man bei LIGA-Nickel und Ni-Al-X von einer Isotropie der mechanischen Eigenschaften aus, da abgeschiedenes Nickel in polykristallinem Kristallverbund vorliegt, d.h. die Kristallite sind bezüglich ihrer Orientierung regellos verteilt. Durch diesen regellosen Verbund muss berücksichtigt werden, dass die plastische Verformung eines Korns, das günstig zur Verformungsrichtung liegt, zwangsläufig auch eine Verformung des Nachbarkorns bewirkt.

Daher wird in diesem Fall zur Berechnung der kritischen Schubspannung τ_{crit} der *Taylorfaktor M* eingeführt, der die kritische Schubspannung mit der Fließspannung verknüpft:

$$\tau_{crit} = \frac{1}{M} \cdot \sigma_F \tag{5.1}$$

Für polykristalline *fcc*-Metalle beträgt M den Wert 3,06 (27).

Liegt in der Probe durch die Herstellungsbedingungen eine Textur vor, wie dies bei LIGA Nickel ausgeprägt ist, kann durch die Vorzugsrichtung der Körner aufgrund einer Anisotropie der mechanischen Eigenschaften je nach Belastungsrichtung eine Beeinflussung der Ergebnisse auftreten (121). Für die Varianten Ni-Al-X kann dies aufgrund der durchgeführten Wärmebehandlung und der dadurch resultierenden Aufhebung der Textur vernachlässigt werden.

Bei Zunahme der Testtemperatur zeigt das LIGA-Nickel im Abscheidezustand eine deutliche Reduktion von Streckgrenze und Zugfestigkeit in Verbindung mit einer Reduktion des E-Moduls. Diese Ergebnisse decken sich mit denen von Jenkins (67), Sharpe (130), Christenson (25), Hemker (52) und Cho (24). Die Tatsache, dass der nicht wärmebehandelte LIGA-Nickel in Temperaturen bis 200 $^\circ C$ der Ni-Al-X überlegen ist, ist den Versetzungs-Versetzungs-Wechselwirkungen (Aufstauung, gegenseitige Behinderung) durch die Versetzungsdichte im Abscheidezustand zuzuschreiben.

Die Gründe für diesen Festigkeitsverlust sind in der Abnahme der elastischen Konstanten (Elastizitätsmodul E, Schubmodul G), den thermisch aktivierten Vorgängen der Versetzungbewegung, und der abnehmenden Verfestigung durch Erholungsprozesse im Material zu finden. Die Abnahme des Elastizitätsmoduls bzw. Schubmoduls ist über die relativ starke Temperaturabhängigkeit des E-Moduls bei hohen Temperaturen zu erklären (121):

$$E_M(T) \approx E_M(0K) \cdot \left(1 - 0,5\frac{T}{T_s}\right) \qquad (5.2)$$

mit $E_M(0K)$ E-Modul von Nickel bei 0 Kelvin und der T_s Nickel-Schmelztemperatur. Mit Zunahme der Temperatur ändert sich der mittlere Atomabstand durch die Schwingung der einzelnen Atome im Kristallgitter des Nickels zu größeren Werten, so dass der Widerstand des Nickels gegen palstische Verformung abnimmt und Versetzungen bei geringeren Schubspannungen mobilisiert werden können.

Gleiches gilt für das wärmebehandelte Nickel, auch hier ist aufgrund der Zunahme der Korngröße durch die Wärmebehandlung die Streckgrenze und die Zugfestigkeit im Vergleich zum abgeschiedenen Nickel deutlich reduziert.

Das beschleunigte Kornwachstum von Nickel bei hohen Temperaturen und der damit starken Vergröberung der Kornstruktur hat Einfluss auf die Festigkeitseigenschaften bei hohen Temperaturen. Klement et al. (78) haben bei Untersuchungen der Kornvergröberung von Nickel im Temperaturbereich von Raumtemperatur bis 400 °C Wachstumsraten von bis zu 133 %/Min in 400 °C nachgewiesen. Nach der Hall-Petch-Beziehung (1.1) geht der Durchmesser der Körner in die Festigkeit mit Wurzel reziprok ein ($\sigma \approx \frac{1}{\sqrt{d_k}}$) , so dass bei Zunahme der Korngröße die Festigkeit des Nickels abnimmt. Da die einzelnen Körner nach der Wärmebehandlung im Vergleich zur Probengeometrie groß und über den Probenquerschnitt nur wenige Körner verteilt sind, muss hier mit anisotropem Werkstoffverhalten gerechnet werden (121).

In Abbildung 5.16 ist die Lage eines Gleitsystems in der Zugprobe verdeutlicht. Liegt eines der 12 Gleitsysteme des *fcc*-Kristalls in den wenigen großen Körnern in der Messstrecke günstig zur Beanspruchungsrichtung, versagt die Probe bei deutlich geringeren Spannungen als bei zur Beanspruchungsrichtung ungünstig liegenden Gleitsystemen.

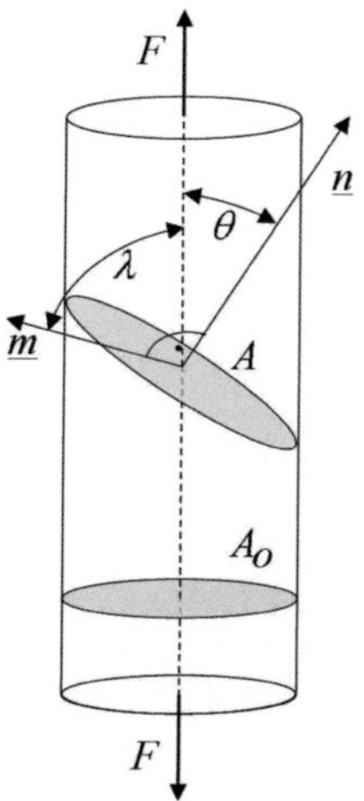

Abb. 5.16: Lage eines Gleitsystems innerhalb eines Zugstabs (121)

Die nötige Fließspannung, die über den Zugversuch aufgebracht wird, ist in diesem Fall über den sogenannten *Schmidtfaktor* $\cos\lambda\cos\theta$ [Abb 5.16] mit der kritischen Schubspannung zur Versetzungsbewegung verknüpft:

$$\tau_{crit} = \sigma_F \cos\lambda\cos\theta \ . \tag{5.3}$$

Der Schmidtfaktor ist demnach abhängig von der Orientierung der anliegenden Normalspannung zur Gleitebene und beträgt für ausgelagerten Nickel mit einer Korngröße von 150 μm bei (16) im Mittel $\cos\lambda\cos\theta = 0{,}415$.
Berücksichtigt man den Taylorfaktor, und setzt die im Zugversuch gemessene Dehngrenze $R_{P0,2}$ als Fließspannung σ_F, erhält man die zur Mo-

bilisierung der Versetzungen in Ni und Ni-Al-X kritische Schubspannung [Abb. 5.17]. Die Auftragung über die Temperatur zeigt die Temperatur- und Werkstoffabhängigkeit.

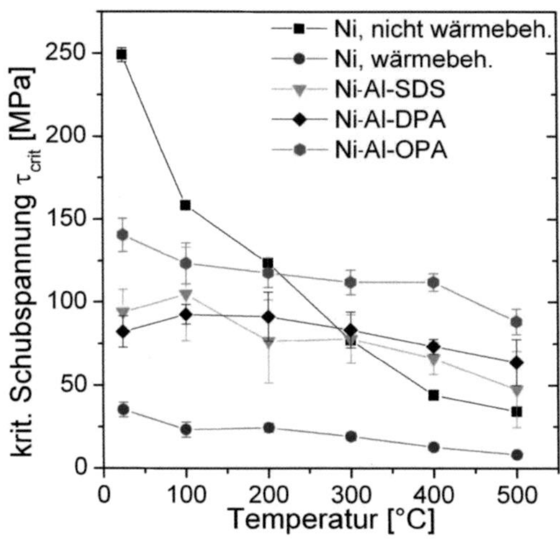

Abb. 5.17: kritische Schubspannung in Ni und Ni-Al-X unter Berücksichtigung von Schmidtfaktor und Taylorfaktor

Daher muss, um die Festigkeit des Nickels bei hohen Temperaturen zu erhöhen, die Kornstruktur stabilisiert und die Bewegung der Versetzungen behindert werden. Beide Maßnahmen resultieren in einer Anhebung der die Versetzungsbewegung initiierenden kritischen Schubspannung. In der Zusammensetzung Ni-Al-X ist dies gelungen. Alle abgeschiedenen Varianten zeigen nach der Wärmebehandlung in hohen Einsatztemperaturen deutlich bessere Festigkeitseigenschaften im Zug- und Kriechversuch durch eine Erhöhung der kritischen Schubspannung im Vergleich zum LIGA Nickel [Abb. 5.17].

Der Grund für diese Festigkeitssteigerung ist in folgenden Teilaspekten zu sehen:

110

Zu der Festigkeit durch die Interaktion zwischen den Versetzungen d.h. durch das Anziehen oder Abstoßen der einzelnen unterschiedlich orientierten Versetzungen zur Erzielung eines energetisch günstigeren Zustands kommt es durch das Zulegieren von Elementen wie Aluminium oder Titan, die sich im Ausgangsgitter lösen und als Substitutionsatome vorliegen, zu einer Verzerrung um die im Kristallgitter eingebundenen Substitutionsatome. Diese Verzerrung wirkt als Hindernis für die Versetzungsbewegung. Bei dem im Verhältnis zu Nickel größeren Al-Atom entsteht eine Druckspannung, die von gleitenden Versetzungen zusätzlich überwunden werden muss, um das Fremdatom passieren zu können. Der Vorteil der Mischkristallverfestigung liegt in ihrer relativen Unempfindlichkeit gegen Änderung der Temperatur. Bestimmt werden kann diese Mischkristall-Verfestigung R_{MK} mit (48), (120)

$$\Delta R_{MK} = \sum \left(k_i^{\frac{1}{n}} C_i \right)^n \tag{5.4}$$

mit k_i Verfestigungskonstante, C_i Konzentration der Fremdatome.

Im Fall des hier untersuchten Ni-Al-OPA folgt mit $k_i = 225\,MPa/\sqrt{at-\%}$ und $n=\frac{1}{2}$ für Nickel (120) sowie 7 at-% gelöstem Al für die Mischkristallverfestigung:

$$R_{MK,theor.} = 59,5\,MPa.$$

Ein weiterer Beitrag zur Festigkeitssteigerung in dem wärmebehandelten Ni-Al-X trägt die im Vergleich zum Nickel reduzierte Korngröße bei, da auch Korngrenzen wie schon erwähnt eine Barrierewirkung auf die Versetzungsbewegung haben. Da die Kornorientierung im benachbarten Korn unterschiedlich ist, kann eine mobilisierte Versetzung nicht einfach ins benachbarte Korn übertreten. Dies führt zu einer Aufstauung von Versetzungen und somit zu einer Spannungsfelderhöhung an den Korngrenzen. Dieses Spannungsfeld kann zwar wiederum im benachbarten Korn eine Versetzungsbewegung initiieren, da die Gleitebenen allerdings anders orientiert sein können, benötigt die Versetzungsbewegung eine höhere Spannung als im Ausgangskorn (50). Diese Festigkeitssteigerung ist nur bei tiefen Temperaturen von Vorteil, da bei höheren Temperaturen die Korngrenzen erweichen und Kornwachstum einsetzt (121). Abgeschätzt werden kann dieser Anteil durch die Hall-Petch-Beziehung [1.1, (94)].

$$\Delta R_{KG} = \frac{K_{KG}}{\sqrt{d}} \tag{5.5}$$

mit Konstante K_{KG} und Korndurchmesser d.

Bezieht man den Effekt der Kornfeinung auf Ni-Al-OPA im Vergleich zum wärmebehandelten Nickel mit $K_{KG} = 0,158\ MNm^{-\frac{3}{2}}$ (149), mittl. Korngröße von Ni-Al-OPA=2 μm, ergibt sich eine Festigkeitssteigerung gegen plastische Verformung von

$$\Delta R_{KG,theor.} = 111,7\ MPa.$$

In die Festigkeitssteigerung geht schließlich auch noch das Einbringen von Dispersionsteilchen und das Bilden von kohärenten Ni$_3$Al-Ausscheidungen im Nickel ein. Wandernde Versetzungsfronten besitzen zwei Möglichkeiten, die kohärenten Ausscheidungen bzw. Hindernisse zu übergehen, zum einen bei kohärenten kleinen Ni$_3$Al-Ausscheidungen das Schneiden [Abb. 5.18, links], bei großen Ni$_3$Al-Ausscheidungen oder Dispersionsteilchen der Orowan-Mechanismus [Abb. 5.18, Mitte, rechts]. Beide Mechanismen be-

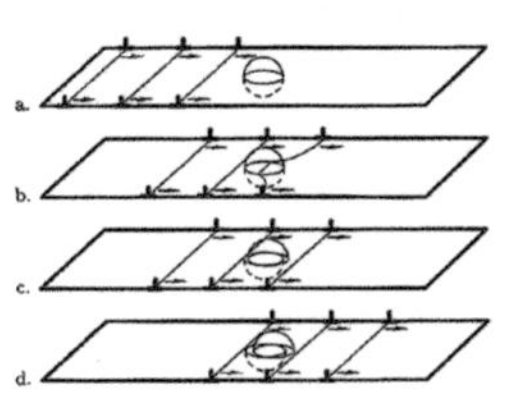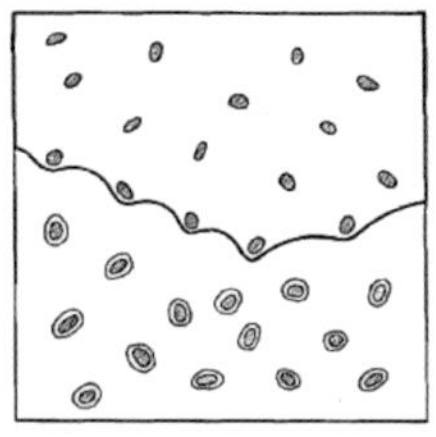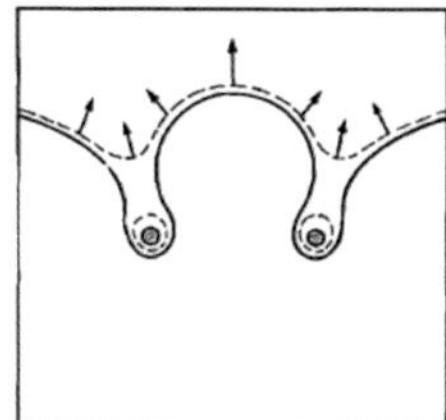

Abb. 5.18: Schematische Darstellung des Schneidens (links) und des Orowan-Mechanismus an Ausscheidungen (79) (Mitte, rechts)

nötigen zusätzliche Energie, die von der verrichteten Arbeit aufgebracht werden muss.

Wenn Versetzungen geordnete Ausscheidungen schneiden, können sie dies nur in Paaren tun, damit die Ordnung der Ausscheidungen nicht gestört wird (80). Bei kleinen Ausscheidungen (<20 *nm*) kann ein Versetzungspaar jedoch nicht gleichzeitig in eine Ausscheidung eindringen. Demnach sind die Mechanismen, die den Schneidmechanismus der Versetzungen beeinflussen, neben Größe und Volumenverteilung der Ausscheidungen vor allem die Energie der Antiphasengrenze γ_{APB}, da durch das Schneiden nur einer Versetzung die Ordnung der Ausscheidung verringert wird.

Bestimmt werden kann der Beitrag der Ausscheidungsverfestigung über (80):

$$\Delta\sigma_{TH,theor.} = M \cdot \Delta\tau_{TH,theor.} = M \cdot \frac{\gamma_{APB}}{2b} \left(\sqrt{\frac{\gamma_{APB} \cdot d_s}{2T_L}} \frac{d_s}{\lambda} - \frac{\pi}{4} \frac{d_s^2}{(\lambda + d_s)^2} \right)$$

$$(5.6)$$

mit $b=0{,}249*10^9$ *m* Betrag des Burgersvektors (159), $\gamma_{APB} = 0{,}2 \ J/m^2$ (80) Energie der Antiphasengrenze in der Phase γ', d_s mittl. Teilchendurchmesser, $T_L = \frac{Gb^2}{2}$ Linienspannung einer Versetzung und λ mittlerer Abstand zwischen den kohärenten Ausscheidungen bzw.

$$\Delta R_{OR} = 2\frac{Gb}{\lambda} \qquad (5.7)$$

mit G Schubmodul, für große Ausscheidungen oder Dispersionsteilchen in der Matrix, die nicht bzw. nicht mehr geschnitten werden (159).

Der mittlere Abstand zwischen den Teilchen lässt sich berechnen über:

$$\lambda \approx \sqrt{\frac{2}{f_V}} r \qquad (5.8)$$

Hier ist $f_V = N \cdot \frac{2\pi r^2}{3(2a)^2}$ (121) der Volumenanteil an Al_2O_3 bzw. Ni_3Al-Teilchen mit Radius r in einer Zelle mit Kantenlänge $2a$. Mit einem mittleren

Partikelabstand λ von 19 *nm* der Ni$_3$Al-Ausscheidungen und einer mittleren Größe von 5 *nm* (Abb. 4.5) ergibt sich für die Festigkeitssteigerung durch Ausscheidungsverfestigung mit dem Taylorfaktor M

$$\Delta R_{TH,theor.} = M \cdot \Delta \tau_{TH,theor.} = 116,5 \; MPa$$

bzw. für die in der Ni-Al-Matrix verteilten Al$_2$O$_3$-Partikelreste mit Durchmesser 100 *nm* und einem mittleren Abstand λ von 520$\pm$20*nm*:

$$\Delta R_{OR,theor.} = 74,9 \; MPa.$$

Die Einsatztemperatur der wärmebehandelten Ni-Al-MEMS sind in der Verwendung auf Temperaturen unterhalb der Auslagerungstemperatur beschränkt, da sonst die Gefahr der Überalterung der Ausscheidungen besteht und der festigkeitssteigernde Einfluss dieser Ausscheidungen reduziert wird. Werden die Ausscheidungen zu groß, steigt die Kraft zum Schneiden derart an, dass es günstiger ist, die Teilchen über den Orowan-Mechanismus zu umgehen. Bei diesem fällt allerdings die Kraft, die zum Umgehen aufgebracht werden muss, mit der Teilchengröße ab und hat somit negative Auswirkungen auf die Verfestigungswirkung [Abb. 5.19].

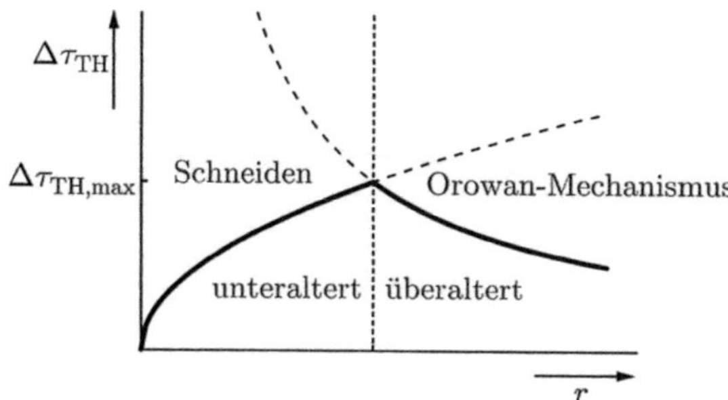

Abb. 5.19: Abhängigkeit der Stärke der Ausscheidungshärtung vom Radius der Teilchen (121)

Wird die Additivität der Werkstoffwiderstandsanteile angenommen (94), kann die gesamte Verstärkungswirkung in den Ni-Al-OPA-Proben abgeschätzt werden über:

$$\Delta\sigma_{ges,Ni-Al-OPA} = \sum_i \Delta R_{(i)} = \Delta R_{MK} + \Delta R_{KG} + \Delta R_{TH} + \Delta R_{OR} = 363 \; MPa$$

$$(5.9)$$

Der Wert von 363 MPa ergibt sich für die Berechnung bei Raumtemperatur. Diese theoretische Verfestigung liegt Nahe der Festigkeitssteigerung $\Delta\sigma \approx 350 \; MPa$, die anhand der Zugversuche bei RT ermittelt wurden [Abb. 5.20].

Berechnet man die Verstärkungswirkung der einzelnen Anteile bei 500 °C, so steigt der Anteil der Ausscheidungshärtung $\Delta R_{TH,500C}$, wie dies von Ni$_3$Al bekannt ist (161), (39), (150), durch den reduzierten Schubmodul auf 123 MPa, $\Delta R_{MK,500C}$=53,2 MPa und $\Delta R_{OR,500C}$=67 MPa fallen zu kleineren Werten hin ab.

Der Grund für die Abnahme ist in der Aktivierung des thermischen Versetzungsgleitens zu sehen. Dadurch können Hindernisse wie Fremdatome oder Dispersionspartikel von Versetzungen im Kristall leichter überwunden werden, je höher die Temperatur und je geringer die Energiebarriere der Hindernisse ist. Sobald die eingebrachte thermische Energie höher ist als die Hindernisenergie Q_H, ist die Hinderniswirkung nahezu unterdrückt und die Versetzung kann dieses ohne zusätzlichen Energieaufwand durch die von außen aufgebrachte Schubspannung überwinden (121). Versetzungen sind bei hohen Temperaturen ebenso in der Lage, durch Diffusion transportierte Leerstellen anzulagern oder auszusenden und ihre Gleitebene durch Klettern senkrecht zur Gleitebene zu verlassen und damit Hindernisse zu umgehen. Diese Effekte wirken sich negativ auf die Verfestigungswirkung durch inkohärente Teilchen oder Atome aus.

Der Einfluss der Korngröße bei hohen Temperaturen lässt sich aufgrund der Temperaturabhängigkeit des Schubmoduls bei hohen Temperaturen bestimmen. Durch die eingebrachten Dispersoide (die gebrochenen Al$_2$O$_3$-Teilchen) wird die Korngröße stabilisiert, da die migrierenden Korngrenzen an den Teilchen anpinnen (Zener-Pinning), und die thermische Aktivierungsenergie teilweise nicht ausreicht, um die Korngrenzen von den Teilchen wieder loszureißen (siehe auch Kap. 4.3). Nach (1.1) geht in die Berechnung der Verstärkung durch den Hall-Petch-Effekt neben dem Korndurchmesser d und der Reibspannung σ_0 die Proportionalitätskonstante K_{KG} in die Festigkeit ein. Betrachtet man das Modell der Aufstauung von Versetzungen an den Korngrenzen (*pile-up model*) (83) (durch die reine Betrachtung der Streckgrenze $R_{P0,2}$ können in diesem Fall Versetzungs-Versetzungs-Wechselwirkungen vernachlässigt werden), kann die Proportionalitätskonstante K_{KG} bestimmt werden über:

$$K_{KG} \cong \sqrt{\sigma_c \cdot b} \cdot \sqrt{G} \tag{5.10}$$

Da $K_{KG} = 0{,}158\ MNm^{3/2}$ nach (149) für RT bekannt ist, kann mit

$$K_{KG} = 0,158 MNm^{3/2} \cong \sqrt{\sigma_c} \cdot \sqrt{G \cdot b} = k' \sqrt{G} \sqrt{b} \tag{5.11}$$

die Konstante k' in Abhängigkeit des Schubmoduls und somit der Temperatur bestimmt werden mit

$$k' = \frac{K_{KG}}{\sqrt{G}\sqrt{b}} = 1055\,\frac{N}{mm^2}. \tag{5.12}$$

Damit ergibt sich ein theoretischer Verfestigungsanteil von $102\ MPa$ bei 500 $°C$, so dass vermutet werden kann, dass die Verstärkung durch die Stabilisierung der Korngröße bei Beanspruchung in 500 $°C$ noch in reduzierter Form aktiv ist.

Bei dem Hall-Petch-Effekt muss jedoch durch die Versetzungs-basierte Verfestigung von einer Abnahme der Wirkung ausgegangen werden, sobald bei Temperaturzunahme über 0,4 T_S Erholungsprozesse wie Annihilierung von Versetzungen (126) sowie thermisch aktivierte Verformungsmechanismen wie Absorption von Versetzungen an Korngrenzen (13) einsetzen. Anhand der Auftragung der theoretischen Verstärkung $\Delta R_{theor.}$ über der ge-

116

messenen Verstärkung $\Delta\sigma$ lässt sich dieser Effekt ab 400 °C ($\approx$ 0,4 T_S) feststellen [Abb.5.20]. Anhand von dispersionsverfestigten ODS-Stählen konnte dieser Effekt bereits an anderer Stelle nachgewiesen werden (126).

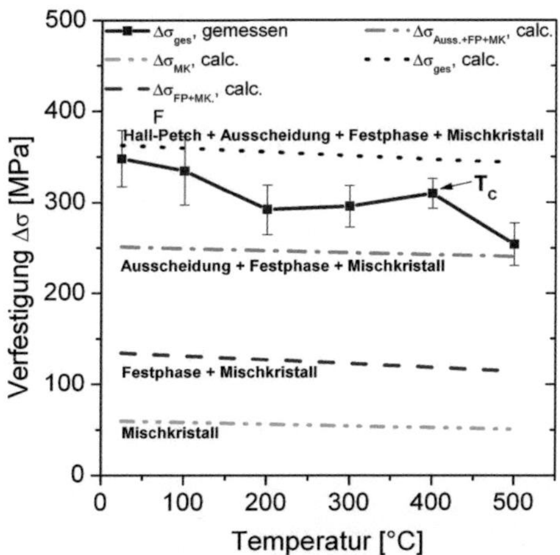

Abb. 5.20: Festigkeitssteigerung von Ni-Al-OPA im Vergleich zu LIGA-Nickel, Anteil der einzelnen Verstärkungsmechanismen

Die theoretische Gesamtverstärkung ΔR_{ges} ohne den Hall-Petch-Effekt resultiert in einem Betrag von rund 240 *MPa*, die einem Ergebnis von $\Delta\sigma \approx$ 260 *MPa* in 500 °C, gemessenen in den Zugversuchen, gegenübersteht. Die Differenz ist dem Einfluss der stabilisierten Korngröße und demnach dem teilweise noch wirkenden Hall-Petch-Effekt in 500 °C zuzuschreiben. Welcher Mechanismus nun der dominierende für die deutlich höhere Temperaturstabilität der Varianten Ni-Al-OPA ist, kann nicht gänzlich geklärt werden. Da der γ'-Phasengehalt laut den XRD-Messungen relativ gering ist, ist der Kombination aus Dispersionsverfestigung ΔR_{TH} durch die eingebrachten Al-Teilchen bzw. der übriggebliebenen Al_2O_3-Hüllen mit der Stabilisierung der Korngröße ΔR_{KG} und der Mischkristallverfestigung ΔR_{MK} der größte Effekt an der Festigkeitssteigerung im Zugversuch zuzurechnen. Die errechneten theoretischen Werte unterstützen diese Annahme.

Die Resultate der Härteprüfung nach Berkovic sind demnach nicht überraschend. Durch das Vorliegen einer kleineren Korngröße und der Festphasenverstärkung durch die Al_2O_3-Reste und die Ni_3Al-Ausscheidungen zeigt das Ni-Al-X-Material eine höhere Härte. Das Material setzt dem eindringenden Prüfkörper einen höheren Widerstand entgegen. Dabei sind die Werte über die Probengeometrie homogen, was auf homogene Materialeigenschaften im Probenquerschnitt schließen lässt. Auch hier erreicht die Variante Ni-Al-OPA durch den im Vergleich höchsten Al-Gehalt in der Matrix die höchsten Härtewerte.

Auch bei den Ergebnissen der Kriechexperimente lässt sich für Ni-Al-X eine Verbesserung der Kriechfestigkeit im Vergleich zum LIGA-Nickel feststellen. Bei Beginn der Belastung der Ni-Al-Probe reagiert diese mit einer sofortigen elasto-plastischen Dehnung ε_0. Die Dehnung nimmt anschließend mit der Zeit zu, die Dehngeschwindigkeit $\dot{\varepsilon}$ nimmt aber ab. Dieser Bereich des Kriechens wird auch *Primäres Kriechen* oder *Übergangskriechen* genannt. Hier erhöht sich prinzipiell die Versetzungsdichte im Material, so dass im Material eine Verfestigung eintritt. Gleichzeitig führen Erholungsprozesse wie Klettern oder Annihilieren der Versetzungen zu einer Abnahme der Versetzungsdichte, so dass sich ein Gleichgewicht einstellt und dadurch das Material in das *sekundäre Kriechen* übergeht, in dem die Dehngeschwindikeit näherungsweise konstant ist. Bei den untersuchten Ni-Al-Legierungen bildet sich bei hohen Belastungen - im Unterschied zu niedriger Belastung (T, σ) - keine stationäre konstante Kriechgeschwindigkeit aus, da sich die Mikrostruktur des Werkstoffs während der Belastung verändert. Dies ist bei Nickellegierungen häufig der Fall, dadurch nimmt die Dehnungsgeschwindigkeit mit der Dauer des Versuchs langsam aber stetig zu (121).

Als grundlegender, thermisch aktivierter Kriechmechanismus ist das *Versetzungskriechen* anzusehen. Wie auch bei tiefen Temperaturen wird beim Kriechen die plastische Verformung teilweise durch Versetzungsbewegung

118

herbeigeführt. Im Unterschied dazu kann die Versetzung allerdings in hohen Temperaturen ein Hindernis überklettern, indem sie Leerstellen anlagert oder aussendet, d.h. der Leerstellenstrom zwischen Versetzungen ist der bestimmende Faktor für die Dehnrate.

Die Kriechrate hängt somit neben dem Volumen-Diffusionskoeffizient hauptsächlich von der Temperatur und der angelegten Spannung ab (121):

$$\dot{\varepsilon}_V \sim \frac{\sigma^3}{T} \tag{5.13}$$

Bei hohen Temperaturen kommt zu dem Versetzungskriechen als überlagernder Kriechmechanismus das *Diffusionskriechen*, bei dem die Diffusion von Leerstellen im Material zu Verformungen führt. Wandern Leerstellen an Korngrenzen von Bereichen, in denen sie unter Zugspannung stehen zu Korngrenzen, in denen Druckspannung herrscht entlang der Korngrenze, spricht man vom *Coble-Kriechen*, geht der Diffusionsstrom durch das Volumen, wird es *Nabarro-Herring-Kriechen* genannt. Der Materialfluss findet demnach in ungekehrter Richtung der Leerstellen statt, und es kommt zu einer plastischen Längung der Körner im Material.

Im Gegensatz zur plastischen Verformung im Zugversuch resultiert beim Diffusionskriechen die kleine Korngröße in einer Reduktion der Festigkeit, da die Aktivierungsenergie für Leerstellendiffusion an den Korngrenzen durch die gestörte Kristallordnung deutlich geringer ist als im Volumen. So wird durch die Korngröße und die verbundene hohe Anzahl an Korngrenzen das Diffusionskriechen entlang der Korngrenzen zu dem den Kriechprozess dominierenden Mechanismus. Die Kriechrate der Volumendiffusion hängt demnach bei hohen Temperaturen neben der angelegten Spannung und der Temperatur von der Korngröße ab mit (121):

$$\dot{\varepsilon}_C \sim \frac{\sigma}{T\,d^3} \tag{5.14}$$

für das Coble-Kriechen und

$$\dot{\varepsilon}_{NH} \sim \frac{\sigma}{T\,d^2} \tag{5.15}$$

für das Nabarro-Herring-Kriechen. Dies ist der entscheidende Grund für das schnelle Versagen des LIGA-Nickels in den Kriechexperimenten, da hier die Korngröße mit unter 100 nm im Vergleich zum wärmebehandelten Nickel sehr klein ist. Vergleichbare Ergebnisse in Kriechversuchen konnten Wang et al. (158), Yin et al. (170) für LIGA-Nickel, Yamasaki et al. (164) für elektrochemisch abgeschiedenes Ni-Wolfram nachweisen.

Als weiterer, thermisch aktivierbarer Kriechprozess gilt das Korngrenzengleiten, das ein Abgleiten der Körner gegeneinander bei hohen Temperaturen darstellt. Allerdings trägt das Korngrenzengleiten bei Metallen keinen großen Anteil an der Kriechverfornmung (121)

Gegen Ende der Lebensdauer, im sog. *tertiären Kriechen* entsteht innere Schädigung durch Porenbildung im Material, vor allem in unter Zugspannung stehenden Korngrenzen sowie in Tripelpunkten, so dass der tragende Querschnitt deutlich abnimmt und es zu Spannungsüberhöhungen durch Kerbeffekte kommt. Die Kriechgeschwindigkeit nimmt wieder zu, bis das Bauteil schließlich durch Bruch versagt (121).

Die Erhöhung der Kriechbeständigkeit von Ni-Al-OPA lässt sich gleichfalls auf die zur Festigkeit beim Zugversuch diskutierten Verfestigungsmechanismen zurückführen:

Die geringere Korngröße im Vergleich zum wärmebehandelten Nickel muss aus dieser Betrachtung allerdings herausgenommen werden, da wie oben erwähnt ein kleines Korn die Dehnrate beschleunigt. Prinzipiell wirken sich alle Mechanismen, die die Versetzungsbewegung behindern, positiv auf die Kriechfestigkeit aus, da die Kriechverformung bei höheren Spannungen von den Versetzungen getragen wird. Demnach ist die Teilchenhärtung durch die eingebrachten Al_2O_3-Reste der Aluminiumpartikel als kriechverfestigend einzustufen, da diese Teilchen mit den Versetzungen wechselwirken. Prinzipiell könnte eine Versetzung das Al_2O_3-Teilchen ohne Probleme überklettern, durch die Reduktion der Linienenergie der Versetzung an der Grenzfläche zum Teilchen wird diese aber von dem Teilchen geradezu angezogen (Zener-Pinning). Um sich von diesem Teilchen wieder loszulösen, muss die Versetzung eine hohe Spannung aufbringen, die über thermische Aktivierung aufgebracht werden muss (121).

Gleiches gilt für die hochtemperaturstabile Gleichgewichtsphase γ'. Versetzungen gelingt es erst bei sehr hohen Spannungen in diese Ausscheidungen einzudringen und sie zu schneiden, zum einen durch die veränderte Gitterkonstante, zum anderen durch die aufzubringende Grenzflächenenergie, die zum Austreten aus dem Teilchen benötigt wird.

Die Mischkristallhärtung hat auf die Kriechfestigkeit einen positiven Einfluss, sofern der Diffusionskoeffizient des Substitutionsatoms in der Matrix höher ist als der Eigendiffusionskoeffizient der Matrix selbst. Bei Aluminium und Nichel sind die Diffusionskoeffizienten ähnlich, so dass der Einfluss des Mischkristallgefüges im System Ni-Al als gering einzuschätzen ist.

Primäres und sekundäres Kriechen lassen sich mit der *Garofalo-Gleichung* (2.16) (33) beschreiben, dabei ist $\dot{\varepsilon}_S$ die konstante Kriechrate während des sekundären Kriechens. $\dot{\varepsilon}_S$ lässt sich über das *Potenzgesetz-Kriechen* oder *Norton-Kriechen* (2.17)

$$\dot{\varepsilon}_S = A\sigma^n exp\left(-\frac{Q}{RT}\right)$$

mit den Variablen Spannung und Temperatur darstellen.

Trägt man die Kriechrate $\dot{\varepsilon}_S$ doppelt-logarithmisch über der Spannung auf, egibt sich

$$\dot{\varepsilon}_S = B_T\sigma^n \tag{5.16}$$

und es lässt sich aus der Steigung der Geraden der Kriechexponent n für die Zusammensetzung Ni-Al-OPA bestimmen. Dieser beträgt $n_{OPA}=\approx6,3$ [Abb. 5.21, rechts]. Reines Nickel zeigt einen Kriechexponenten im Wert

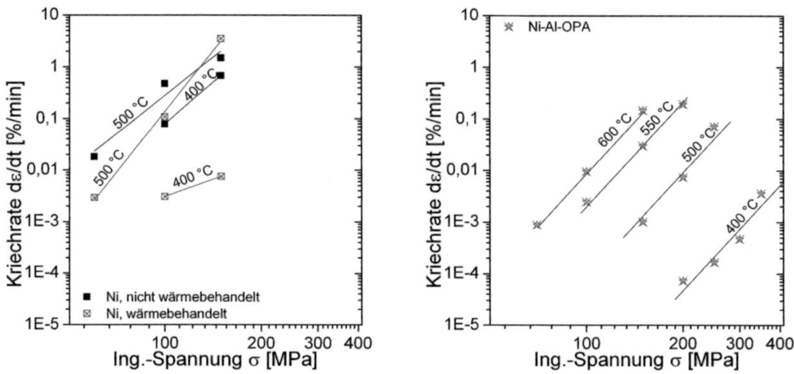

Abb. 5.21: Kriechverhalten Ni, Ni-Al-OPA wärmebehandelt, Kriechratenabhängigkeit von der Spannung Ni (links), OPA (rechts) zur Bestimmung des Kriechexponenten n

von $n=4{,}6$ (9) [Abb. 5.21, links], Nickel-Superlegierungen zeigen Kriechexponenten von $n=6\text{-}13{,}5$ (108) (7) (43), so dass bei Ni-Al-OPA von einem Kriechverhalten ähnlich der Ni-Superlegierungen ausgegangen werden kann.

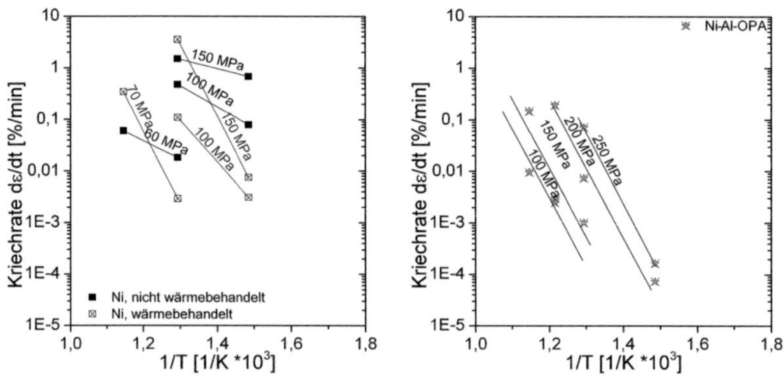

Abb. 5.22: Kriechverhalten Ni, Ni-Al-OPA wärmebehandelt, Kriechratenabhängigkeit von der Temperatur Ni (links), OPA (rechts)

Über eine logarithmische Arrhenius-Auftragung der Kriechrate über der Temperatur

$$\dot{\varepsilon}_S = A_\sigma exp\left(-\frac{Q}{RT}\right)$$
(5.17)

lässt sich die Temperaturabhängigkeit der Kriechrate darstellen. Aus der Steigung der Kurven kann die für den Kriechprozess charakteristische Aktivierungsenergie Q bestimmt werden [Abb. 5.22]. Für die Zusammensetzung Ni-Al-OPA lässt sich ein Wert von 120 KJ/mol auslesen. Das LIGA Nickel zeigt im nicht wärmebehandelten (35 kJ/mol) und wärmebehandelten Zustand (120 kJ/mol) unterschiedliche Aktivierungsenergien für Kriechen [Abb.5.22, links], was sich durch den Unterschied in Korngröße und Versetzungsdichte erklären lässt. Die Streuung des Proportionalitätsfaktors $A=1,463*10^7 \ \%/(hMPa^{6,3})$ ist auf Inhomogenitäten im Al-Gehalt in den unterschiedlichen Proben und dem dadurch resultierenden Unterschied in der Verstärkung der Matrix zurückzuführen [Abb. 5.23].

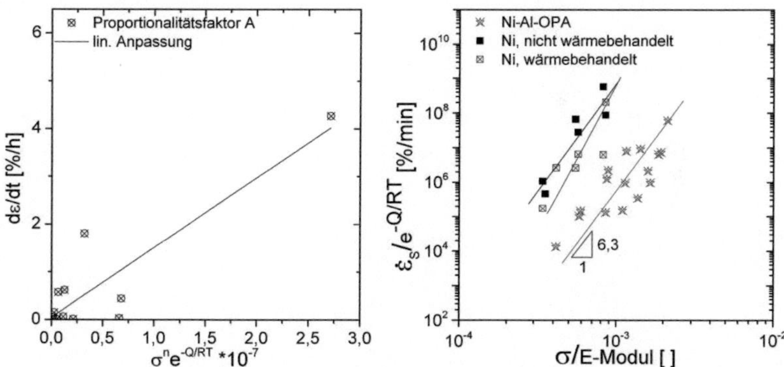

Abb. 5.23: Proportionalitätsfaktor A für Ni-Al-OPA zur Anpassung an das Power-Creep-Potenzgesetz (links), normalisierte Darstellung der Spannungsabhängigkeit (rechts)

Anhand der über E-Modul und Temperatur normalisierter Auftragung von Kriechrate $\dot{\varepsilon}_S$ über Spannung σ lässt sich die Spannungsabhängigkeit der Kriechverformung ohne Temperatureinfluss darstellen. Hier zeigt sich der Unterschied des Ni-Al-OPA zum wärmebehandelten Nickel, das in den untersuchten Spannungen von 50 - 150 *MPa* elastisch-plastisch verformt. Das Kriechverhalten des nicht wärmebehandelten Nickels ist bezogen auf die Kriechmechanismen vergleichbar zu Ni-Al-OPA, allerdings zeigt dieser bei vergleichbarer Spannung eine deutlich höhere Kriechrate. LIGA-Nickel im Abscheidezustand hat, bedingt durch die Herstellungsmethode, im Vergleich zum wärmebehandelten Nickel eine höhere Dichte an Versetzungen und eine deutlich kleinere mittlere Korngröße. Da die Korngrenzen und Versetzungen als Leerstellenquellen und -senken fungieren, begünstigen diese das Versetzungskriechen.

Für geringe Spannungen kleiner 50 *MPa* kann bei Ni-Al-OPA mit Diffusionskriechen gerechnet werden, im Bereich der untersuchten Spannungen ist als Kriechmechanismus das Versetzungskriechen festzustellen. Vergleicht man die Ergebnisse der Aktivierungsenergie Q mit Literaturdaten für reinen Nickel, kann die Korngrenzen- und Versetzungskerndiffusion in Verbindung mit dem Versetzungskriechen als dominanter Kriechmechanismus bestimmt werden (42).

Die Auswertung der Kriechdaten zeigt, dass das hergestellte Ni-Al-OPA mit dem Nortongesetz aus Gleichung (2.17) hinreichend gut beschrieben werden kann.

6 Zusammenfassung und Ausblick

Nickel ist zur Zeit der am häufigsten angewendete Strukturwerkstoff in der LIGA-Technik zur Herstellung von MEMS. Elektrochemisch abgeschiedenes Nickel zeigt jedoch eine Degradation der mechanischen Eigenschaften, wenn es bei hohen Temperaturen angewendet wird oder hohen Temperaturen ausgesetzt war. Streckgrenze und Zugfestigkeit fallen auf einen Bruchteil des Ausgangswerts. Durch die Abscheidung von LIGA-Nickelproben und die anschließende Wärmebehandlung konnte das Materialverhalten von LIGA-Nickel bei hohen Temperaturen bestätigt werden. Grund für den Abfall der Festigkeiten ist in dem hohen Kornwachstum durch die hohe Mobilität der Korngrenzen und in der Erweichung der Korngrenzen in hohen Temperaturen zu sehen.

Um die Temperaturstabilität des LIGA-Nickels für MEMS-Anwendungen in abrasiven und hochtemperierten Umgebungen zu verbessern, wurde in dieser Arbeit ein Herstellungsweg für Hochtemperatur-MEMS aus Nickel-Superlegierungen aufgezeigt.

Ni-Al-Kompositschichten wurden mittels einer elektrochemischen Mitabscheidung von Nickel aus Nickelsulfat in wässriger Lösung mit zugesetzten Aluminium-Nanopartikeln nach (167) hergestellt. Zur chemischen Stabilisierung der Aluminiumpartikel und der Verhinderung von Agglomeration wurde die Stabilisierungswirkung verschiedener Additive auf Sulfat- und Phosphonatbasis sowie kommerzielle Additive aus der Metalliclack- und Keramikherstellung untersucht. Dabei konnten mit der Zugabe von SDS ein Aluminiumgehalt von 10 at-%, mit Phosphonsäuren ein Aluminiumgehalt von bis zu 12 at-% erreicht werden. Die Stabilisierungswirkung der Phosphonsäure konnte durch die Beschichtung in nicht-wässriger Lösung der Partikel noch verbessert werden. Es wurde auch festgestellt, dass die Zugabe der Additive zum Elektrolyten einen deutlichen Einfluss auf die Mikrostruktur des Nickels hat.

Anschließend wurden die hergestellten Schichten mittels zweistufiger Wärmebehandlung aus Lösungsglühen des Aluminiums und anschließender Auslagerung zur Erzeugung der Ni_3Al-Ausscheidungen in einen Nickel-Aluminium-Mischkristallgefüge umgewandelt. Durch XRD-Untersuchungen konnte die Präsenz der Ni_3Al-Phase in kleinen Mengen nachgewiesen werden. Die Mikrostruktur erwies sich als deutlich stabiler bei hohen Temperaturen als der zum Vergleich herangezogene LIGA-Nickel. Die mittlere Korngröße konnte auf ca 2 μm reduziert werden (der LIGA-Nickel zeigte nach gleicher Wärmebehandlung eine Korngröße von nahezu 100 μm).

Nach erfolgreicher Abscheidung von Ni-Al-Schichten konnte das Verfahren in eine LIGA-Struktur übertragen werden. Zur Durchführung der mikrostrukturellen Untersuchungen des hergestellten Ni-Al wurden TEM-Scheiben mit 3 mm Durchmesser und 100 μm Dicke abgeschieden. Zur Untersuchung der mechanischen Eigenschaften wurden Mikro-Zugproben mit einem Prüfquerschnitt von 100 x 300 μm hergestellt. Dabei zeigte sich ein deutlicher Konvektionseinfluss auf die Abscheidequalität und den Partikeleinbau. Wechselwirkungen zwischen Partikeleinbau und Aspektverhältnis des Substrats konnten ebenso festgestellt und mit Untersuchungen zum Partikeltransport in Flüssigkeiten von (54) und (148) erklärt werden. Leichte Inhomogenitäten der Partikelverteilung in den erzeugten Proben konnten nicht verhindert werden. Da der Al-Gehalt einen deutlichen Einfluss auf die Festigkeitseigenschaften hat, kann sich dieser Umstand in einer Streuung der mechanischen Eigenschaften eines hergestellten Loses bemerkbar machen. In einer einzelnen Probe kann durch das durchgeführte Lösungsglühen allerdings von einer gleichmäßigen Al-Verteilung ausgegangen werden.

Lässt sich die Agglomeratbildung der Al-Partikel im Nickel-Elektrolyten noch stärker unterbinden, ist davon auszugehen, dass die Partikel noch homogener in der Nickelmatrix verteilt werden. Dies wird zum Einen die Dauer der Wärmebehandlung auf eine Minimaldauer reduzieren, da die Homogenität des Ni-Al-Mischkristalls nach kürzerer Lösungsglühzeit gegeben ist. Durch die Reduktion der Wärmebehandlungsdauer kann nach der Wärmebehandlung von einer Korngröße näher der Ausgangsgröße des abgeschiedenen Materials im Nanometerbereich gerechnet werden.

Eine geringere Agglomeration der Partikel wird sich zum Anderen in einer geringeren Ausprägung der Porosität im abgeschiedenen Material bemerkbar machen, da größere Porositäten meistens in der Nähe von Partikelanhäufungen beobachtet wurden. Da die im Material vorliegende Porosität häufiger Ausgang des Versagens der Mikrozugproben darstellte, kann also durch eine weitere Reduktion der Partikel-Agglomeration im Elektrolyten die Festigkeitseigenschaften weiter verbessert werden

Zur Charakterisierung der mechanischen Eigenschaften und der Ermittlung der Materialkennwerte E-Modul, 0,2%-Dehngrenze, Zugfestigkeit und Bruchdehnung wurden nach erfolgter Wärmebehandlung Zugversuche von RT bis 500 °C durchgeführt, sowie in Mikrokriechversuchen im Bereich von Raumtemperatur bis 600 °C die Anwendung des Power-Creep-Gesetzes auf das hergestellte Ni-Al-Material überprüft.

Dabei konnte mit der Variante Ni-Al-OPA eine deutliche Verbesserung des Hochtemperaturverhaltens unter Zug- und Kriechbelastung im Vergleich zum Nickel festgestellt werden. Die Ergebnisse zeigen eine um Faktor 15 höhere 0,2%-Dehngrenze sowie eine um den Faktor 2 höhere Zugfestigkeit im Vergleich zum gleich wärmebehandelten Nickel. Bei Temperaturen ab 250 °C ist Ni-Al-OPA auch dem nicht wärmebehandelten Nickel überlegen. Über das Ramberg-Osgood-Gesetz konnte der Verfestigungsexponent n bestimmt werden.

Gleiches lässt sich aus der Auswertung der Kriechexperimente bis 600 °C schließen. Hier zeigt Ni-Al-OPA eine deutlich verbessere Kriechbeständigkeit im Vergleich zu abgeschiedenem und wärmebehandeltem Nickel. Über die Auswertung nach dem Power-Law-Creep-Gesetzes konnte der Kriechexponent n und die Aktivierungsenergie Q bestimmt werden. Allerdings zeigt der Proportionalitätsfaktor A_K eine Streuung, die auf die Inhomogenität des Materials durch den nicht konstanten Al-Gehalt sowie vorliegender Mikroporosität einer Charge von Mikrozugproben zurückzuführen ist.

Die Festigkeitssteigerung des Ni-Al-Materials ist auf mehrere Faktoren zurückzuführen:

• Durch die Zugabe von Al kommt es in der Gitterstruktur des Nickels durch die Bildung eines Mischkristalls und den resultierenden Fehlpassungen zu Verzerrungen, die von den Versetzungen überwunden werden müssen.

• Die deutlich reduzierte Korngröße durch das Behindern der Korngrenzenmobilität bei höheren Temperaturen führt nach Hall-Petch zu einer Anhebung der kritischen Schubspannung zur Versetzungsbewegung,

• Die Dispersion von Al_2O_3-Teilchen, die als Reste der Al-Partikel weiterhin im Material vorliegen, müssen von den Versetzungen nach Orowan umgangen werden,

• Die Bildung von Ni_3Al-Ausscheidungen im Ni-Al-Mischkristall führt dazu, dass wandernde Versetzungen diese schneiden oder umgehen müssen.

Die Herstellung von Nickel-Superlegierungen mit mehreren Legierungselementen ließ sich anhand der Zusammensetzung Ni-Al-Ti-SDS untersuchen. Hier konnte festgestellt werden, dass die Einbettung von Al- und Ti-Partikeln auf Kosten des Partikelgehalts von Al in der Schicht möglich ist. Daher bietet sich durch die Wahl eines neuen Elektrolyten auf NiCr-Basis die Möglichkeit, Materialien mit höherem Ni_3Al-Phasengehalt aus NiCrAl oder NiCrAlTi nach der LIGA-Herstellung für MEMS herzustellen.

Abschließend kann zusammengefasst werden:
Die elektrochemische Abscheidung von Ni-Al-Superlegierungen in LIGA-Strukturen aus wässriger Lösung konnte erfolgreich durchgeführt werden. Die erzeugten Materialien zeigten nach einer durchgeführten Wärmebehandlung in Mikrozug- und Kriechversuchen eine deutlich höhere Temperaturstabilität als das elektrochemisch abgeschiedene LIGA-Nickel. Die Ver-

festigung resultiert aus einer Kombination aus Ausscheidungs- und Partikelverstärkung, in Verbindung mit einer Korngrößenstabilisierung und Mischkristallbildung. Durch die Zugabe weiterer metallischer Nanopartikel und der Anwendung einer Ni-Legierungsabscheidung besteht die Möglichkeit, Ni-Superlegierungen mit hohen Festigkeitswerten bei hohen Temperaturen herzustellen.

A Analytische Berechnung der Thermospannungen in den Al-Nanopartikeln

Zur Berechnung der auftretenden Spannungen in den Aluminium-Partikeln können näherungsweise die unterschiedlichen Wärmeausdehnungskoeffizienten betrachtet werden. Bei isotropen Werkstoffen im Kontakt gilt (152):

$$(\varepsilon_{el+pl} + \varepsilon_{th})_{Al} = (\varepsilon_{el+pl} + \varepsilon_{th})_{Al_2O_3} \tag{A.1}$$

$$\frac{\sigma_1}{E_{Al}} + \alpha_{Al}\Delta T = \frac{\sigma_2}{E_{Al_2O_3}} + \alpha_{Al_2O_3}\Delta T \tag{A.2}$$

$$\sigma_1 \cdot d_1 = -\sigma_2 \cdot d_2 \tag{A.3}$$

$$\sigma_1 = -\sigma_2 \cdot \frac{d_2}{d_1} \tag{A.4}$$

$$-\sigma_2 \cdot \frac{d_2}{d_1} \frac{1}{E_{Al}} = \frac{\sigma_2}{E_{Al_2O_3}} + (\alpha_{Al_2O_3} - \alpha_{Al})\Delta T \tag{A.5}$$

$$\sigma_2 = \frac{(\alpha_{Al} - \alpha_{Al_2O_3}) \cdot E_{Al_2O_3} E_{Al} d_1}{E_{Al_2O_3} d_2 + E_{Al} d_1}\Delta T \tag{A.6}$$

mit α_{Al}, $\alpha_{Al_2O_3}$ = thermische Ausdehungskoeffizienten, E_{Al}, $E_{Al_2O_3}$ = E-Moduln, r_{Al}, $r_{Al_2O_3}$ = Radien Al-Kern bzw. Oxidschicht, ΔT = Temperaturdifferenz bei der Auslagerung. Mit den spezifischen Werkstoffdaten, d_{Al}=45 nm, α_{Al}=23·$10^{-6}\frac{1}{K}$, $d_{Al_2O_3}$=5 nm, $\alpha_{Al_2O_3}$=6,7·$10^{-6}\frac{1}{K}$ und ΔT=1100 °C folgt für die resultierende Spannungen:

$\sigma_{Al} = -487,42 MPa$, bzw. $\sigma_{Al_2O_3} = 4386,76 MPa$

B Simulation der Thermo-Spannungen in den Al-Nanopartikeln

Vergleichbare Ergebnisse sind über die Simulation in Abaqus zu erzielen. Die resultierenden Normalspannungen, hier Druckspannungen im Inneren des Partikels, belaufen sich auf 1,3 *GPa* [Abb. B.1]. Der Berechnung zugrunde gelegt wurde eine feste Verbindung zwischen Al und Al_2O_3, eine lose Verbindung zwischen Al_2O_3 und Nickel. Die resultierenden Tangentialspannungen in der Al_2O_3-Hülle betragen zwischen 4,6 und 5,1 *GPa* [Abb. B.2].

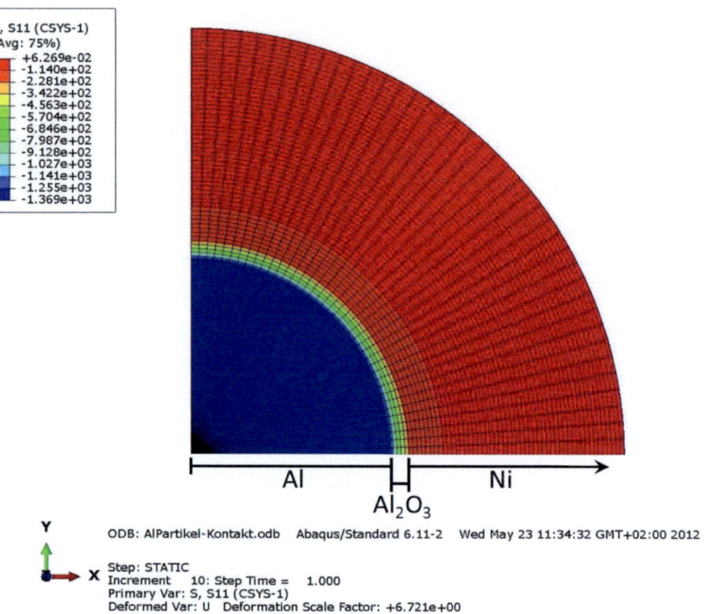

Abb. B.1: Simulation der entstehenden Normal-Spannungen an der Aluminiumoxid-Schicht der Al-Partikel

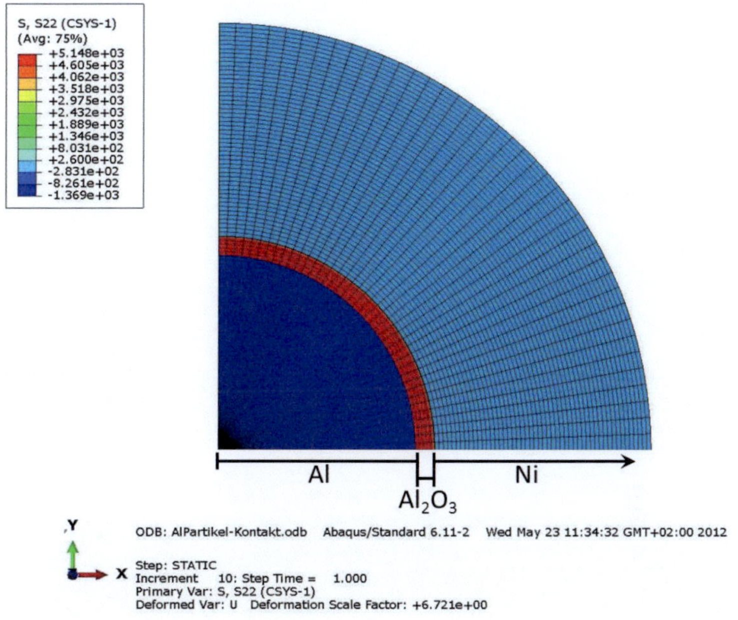

Abb. B.2: Simulation der entstehenden Tangential-Spannungen an der Aluminiumoxid-Schicht der Al-Partikel

C Simulation zur Bestimmung der Diffusionszeit

Zur Bestimmung der Diffusionszeit wurde der sphärische Ansatz durch Substitution in ein lineares Problem transferiert. Die Lösung des zweiten Fickschen Gesetz (2.13) ergibt

$$c(x,t) = c_1 + \frac{(c_2 - c_1)}{2} \cdot (1 - \Psi(\frac{x}{2\sqrt{Dt}}))$$

mit $\Psi(\frac{x}{2\sqrt{Dt}})$ Gaußsches Fehlerintegral. Da die Al-Atome durch verschiedene Phasen mit verschieden hohen Diffusionskoeffizienten diffundieren, wurde die Berechnung mit den unterschiedlichen Diffusionskoeffizienten von $D = 10^{-12}$ bis $D = 10^{-18}$ (17) durchgeführt.

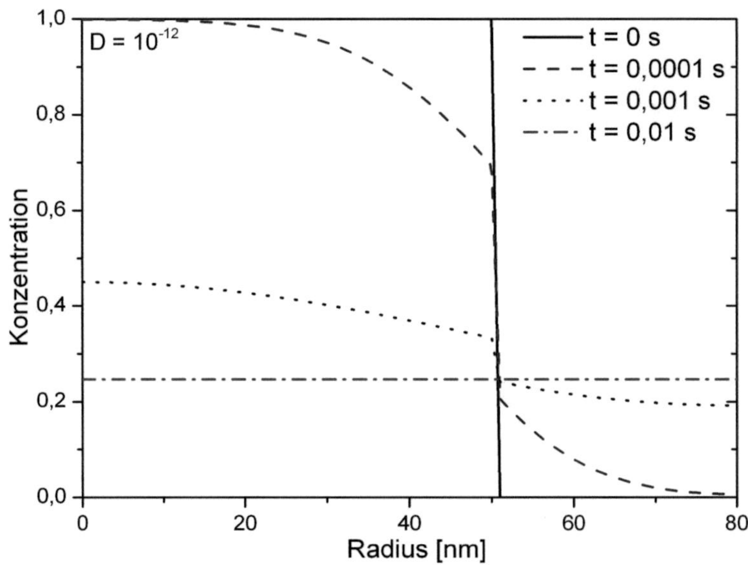

Abb. C.1: Simulation der Diffusionszeit für Al in Ni mit $D = 10^{-12}$

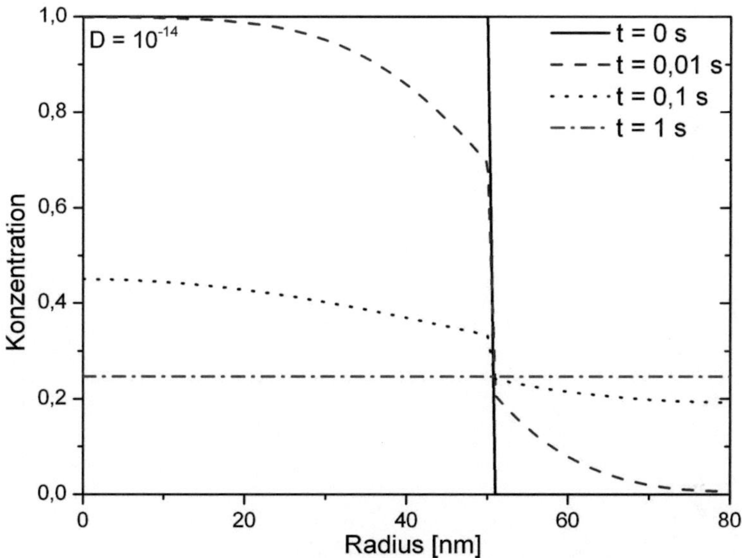

Abb. C.2: Simulation der Diffusionszeit für Al in Ni mit $D = 10^{-14}$

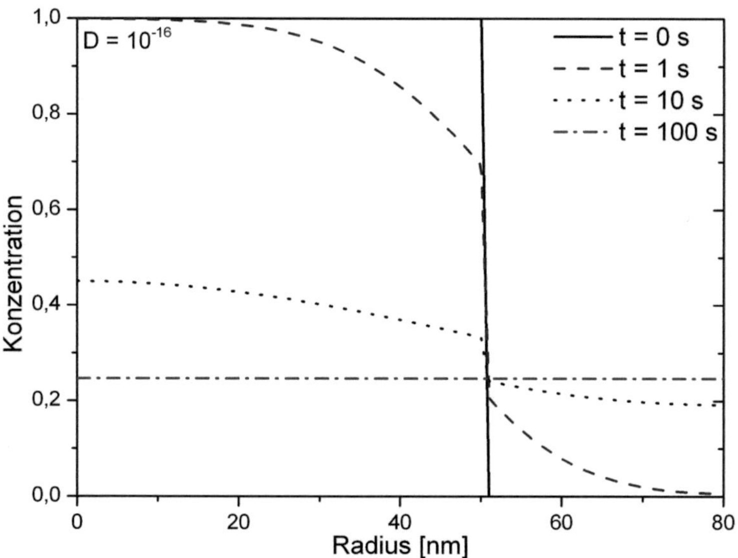

Abb. C.3: Simulation der Diffusionszeit für Al in Ni mit $D = 10^{-16}$

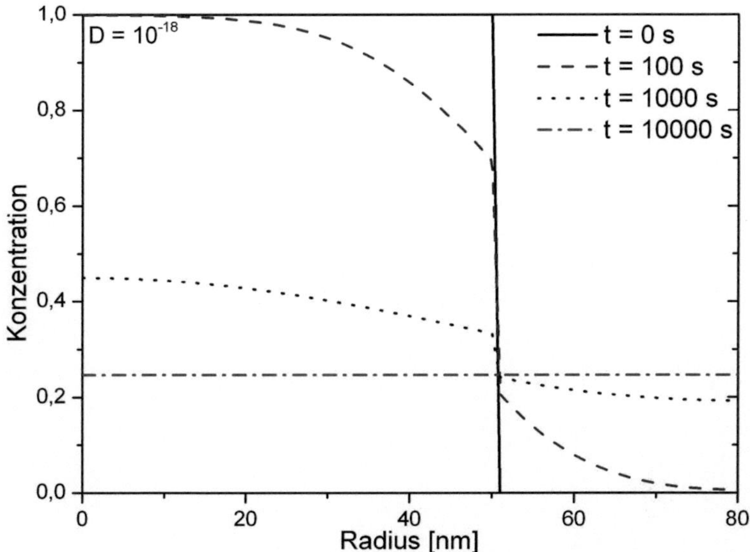

Abb. C.4: Simulation der Diffusionszeit für Al in Ni mit $D = 10^{-18}$

Abbildungsverzeichnis

Tabellenverzeichnis

Literaturverzeichnis

[1] Tms online supplement to the minerals, metals & materials society's website dedicated to the 9th international symposium on superalloys, developed by randy bowman of nasa lewis research.

[2] www.nanowelten.de/ausstellung, 2003.

[3] Digital image correlation and tracking example files and slides, Sept. 2006.

[4] *Materialprüfnormen für metallische Werkstoffe*, volume 1: Mechanisch-technologische Prüfverfahren (erzeugnisformunabhängig), Prüfmaschinen, Bescheinigungen of *DIN-Taschenbuch ; 19*. Beuth, Berlin, 15. aufl. stand der abgedr. normen: mai 2006 edition, 2006.

[5] Ces edupack 2012, granta design, 2011.

[6] R. Abdel-Karim, Y. Reda, M. Muhammed, S. El-Raghy, M. Shoeib, , and H. Ahmed. Electrodeposition and characterization of nanocrystalline ni-fe alloys. *Journal of Nanomaterials*, 2011, 2011.

[7] M. Aghaie-Khafri and M. Noori. Life prediction of ni-base superalloy. *Bull. Mater. Sci*, 34(2):305–309, 2011.

[8] S. Allameh, J. Loua, F. Kavishe, T. Buchheit, and W. Soboyejo. An investigation of fatigue in liga ni mems thin films. *Materials Science and Engineering A*, 371:256–266, 2004.

[9] M. F. Ashby. A first report on deformation-mechanism maps. *Acta Metallurgica*, 20:887–897, 1972.

[10] E. Becker, H. Betz, W. Ehrfeld, W. Glashauser, A. Heuberger, H. Michel, D. Münchmeyer, S. Pongratz, and R. von Siemens. Production of separation nozzle systems for uranium enrichment by a combination of x-ray lithography and galvanoplastics. *Naturwissenschaften*, 69:520–523, 1982.

[11] E. W. Becker, W. Ehrfeld, P. Hagmann, A. Maner, and D. Münchmeyer. Fabrication of microstructures with high aspect ratios and great structural heights by synchrotron radiation lithography, galvanoforming, and plastic moulding (liga process). *Microelectronic Engineering*, 4:35–56, 1986.

[12] P. Bley, W. Bacher, W. Menz, and J. Mohr. Description of microstructures in liga-technology. *Microelectronic Engineering*, 13:509–512, 1991.

[13] W. Blum and X. H. Zeng. A simple dislocation model of deformation resistance of ultrafine-grained materials explaining hall-petch strengthening and enhanced strain rate sensitivity. *Acta Materialia*, 57:1966–1974, 2009.

[14] BmBF. Mikrosysteme. Bundesministerium für Bildung und Forschung.

[15] C. Boehlert, M. Zupan, D. Dimiduk, and K. Hemker. Microsample tension and tension-creep testing of fully-lamellar tial single crystals. In *ed. Y-W. Kim, D.M. Dimiduk, and M.H. Loretto*. The Minerals Metals and Materials Society, 1999, 1999.

[16] S. Brodesser and G. Gottstein. Microstructure and microtexture evolution during high temperature low cycle fatigue of nickel. *Textures and Micrtostructures*, 20:179–193, 1993.

[17] J. Brossard, B. Panicaud, J. Balmain, and G. Bonnet. Modelling of aluminized coating growth on nickel. *Acta Materialia*, 55:6586–6595, 2007.

[18] T. Buchheit, T. Christenson, D. Schmale, and D. Lavan. Understanding and tailoring the mechanical properties of liga fabricated materials. Technical report, Sandia National Laboratories, Albuquerque, NM 87185-0333, 1999.

[19] D. Burns. *Development of LIGA MEMS out of Superalloys for high temperature applications*. PhD thesis, Department of Mechanical Engineering, Johns Hopkins University Baltimore, 2012.

[20] J. Celis and C. B. J.R. Roos. A mathematical model for the electrolytic codeposition of particles with a metallic matrix. *Journal of the Electrochemical Society*, 134 (6):1402–1408, 1987.

[21] J. Cheng, G. Ding, Z. Su, J. Yao, H. Wang, and R. Wu. Fabrication of spinneret for spinning non-circular microfiber based on uv-liga technique. *Proceedings of the 2010 5th IEEE International Conference on Nano/Micro Engineered and Molecular Systems*, pages 141–144, 2010.

[22] Y. Cheng, B. Shew, C. Lin, T. Hung, G. Hwang, C. Kuo, S. Tseng, D. Lee, and G. Chang. Liga spinnerets for microfibers. *Transducers*, 99:1452–1455, 1999.

[23] H. Cho, K. Hemker, K. Lian, and J. Goettert. Tensile, fatigue and creep properties of liga ni structures. *MEMS 2002 Technical Digest,*, 15th IEEE Int. Conf. On MEMS, Las Vegas NV:439–442, 2002.

[24] H. Cho, K. Hemker, K. Lian, J. Goettert, and G. Dirras. Measured mechanical properties of liga ni structures. *Sensors and Actuators A*, 103:59–63, 2003.

[25] T. Christenson, T. Buchheit, D. Schmale, and R. Bourcier. Mechanical and metallographic characterization of liga fabricated nickel and 80 *MRS Symp Proc.*, 518:185–190, 1998.

[26] D. Coe. The application of microsample testing to an investigation of electron irradiation effects on type 316 stainless steel and fe-cu-mn. Master's thesis, The Johns Hopkins University, 1999.

[27] A. Cottrell. *Dislocations and plastic flow in crystals.* The Clarendon Press, Oxford, 1965.

[28] A. Cox and E. Garcia. Development of a liga-based elastodynamic flying mechanism. *Smart Structures and Materials 1998: Smart Structures and Integrated Systems*, 3329:2–8, 1998.

[29] J. Crank. *The mathematics of diffusion.* Clarendon Pr., Oxford, 2. ed. edition, 1975.

[30] X. Cui, W. Wei, H. Liu, and W. Chen. Electrochemical study of co-deposition of al particles - nanocrystalline ni/cu composite coatings. *Electrochimica Acta*, 54:415–420, 2008.

[31] F. Czerwinski and J. A. Szpunar. Controlling the thermal stability of texture in single-phase electrodeposits, , volume 11, issue 5, august 1999, pp.669-676. *Nanostructured Materials*, 11/5:669–676, 1999.

[32] N. Dambrowsky. *Goldgalvanik in der Mikrosystemtechnik Herausforderungen durch neue Anwendungen.* PhD thesis, Fakultät für Maschinenbau Universität Karlsruhe, 2006.

[33] G. E. Dieter. *Mechanical metallurgy.* McGraw-Hill, London, [3. ed. / si metric adaptation] edition, 1988.

[34] F. Ebrahimi, G. Bourne, M. Kelly, and T. Matthews. Mechanical proberties of nanocrystalline nickel produced by electrodeposition. *Nanostructured Materials*, 11:343–350, 1999.

[35] R. Edwards, G. Coles, and W. N. S. Jr. Comparison of tensile and bulge tests for thin-film silicon nitride. *Exp. Mech.*, 44 (1):49–54, 2004.

[36] F. Erler, C. Jakob, H. Romanus, L. Spiess, B. Wielage, T. LampkE, and S. Steinhäuser. Interface behaviour in nickel composite coatings with nano-particles of oxidic ceramic. *Electrochimica Acta*, 48:3063–3070, 2003.

[37] J. Fahrenberg, T. Schaller, W. Bacher, A. El-Kholi, and W. Schomburg. High aspect ratio multi-level mold inserts fabricated by mechanical micro machining and deep etch x-ray lithography. *Microsystem Technologies 2*, 4:174–177, 1996.

[38] N. Fedotief and R. Kinkulsky. Elektrolytische nickelabscheidung aus nickelchloridlösungen. *Zeitschrift für anorganische und allgemeine Chemie*, 224 (4):337–350, 1935.

[39] P. A. Flinn. Theory of deformation in superlattices. *Trans. TMS-AIME*, 218:145–154, 1960.

[40] S. Ford, A. McCandless, X. Liu, and S. Soper. Rapid fabrication of embossing tools for the production of polymeric microfluidic devices for bioanalytical applications. *Society of Photo-Optical Instrumentation Engineers (SPIE) Conference Series*, Bd. 4560:207–216, 2001.

[41] J. Fransaer and J. R. R. J. P. Celis. Analysis of the electrolytic codeposition of non-brownian particles with metals. *Journal of Electrochemical Society*, 139:413–425, 1992.

[42] H. J. Frost and M. Ashby. Deformation-mechanism-maps, the plasticity and creep of metals and ceramics, 2012.

[43] G. Göbenli. *Werkstoffwissenschaftliche Untersuchungen zum ein- und mehrachsigen Kriechverhalten der Nickelbasis-*

Superlegierungen CMSX-4 und LEK 94 oberhalb 1000 °C. PhD thesis, Ruhr-Universität Bochum, 2005.

[44] S. Ghanbari and F. Mahboubi. Corrosion resistance of electrodeposited ni-al composite coatings on the aluminium substrate. *Materials and Design*, 32:1859–1864, 2011.

[45] D. Gianola and W. N. Sharpe Jr. Techniques for testing thin films in tension. *Exp. Tech.*, 28 (5):23–27, 2004.

[46] D. S. Gianola, S. V. Petegem, M. Legros, S. Brandstetter, H. V. Swygenhoven, and K. J. Hemker. Stress-assisted discontinuous grain growth and its effect on the deformation behavior of nanocrystalline aluminum thin films. *Acta Mater.*, 54 (8):2253–2263, 2006.

[47] N. Guglielmi. Kinetics of the deposition of inert particles from electrolytic baths. *Journal of electrochemical society*, 119/8:1009–1012, 1972.

[48] L. A. Gypen and A. Deruyttere. Multi-component solid solution hardening. *Journal of Materials Science*, 12:1028–1033, 1977.

[49] M. Haj-Taieb. *Development of high temperature electrodeposited LIGA MEMS materials*. PhD thesis, Universität Karlsruhe, 2009.

[50] N. Hansen. Hall-petch relation and boundary strengthening. *Scripta Materialia*, 51:801–806, 2004.

[51] A. Haseeb and K. Bade. Liga fabrication of nanocrystalline ni-w alloy micro specimens from ammonia-citrate bath. *Microsystem Technologies*, 14:379–388, 2008.

[52] K. Hemker and H. Last. Microsample tensile testing of liga nickel for mems applications. *Materials Science and Engineering A*, 319-321:882–886, 2001.

[53] K. Hemker and J. W.N. Sharpe. Microscale characterization of mechanical properties. *Annu. Rev. Mater. Res.*, 37:93–126, 2007.

[54] J. Higdon. Stokes flow in arbitrary two-dimensional domains: shear flow over ridges and cavities. *Journal of Fluid Mechanics*, 159:195–226, 1985.

[55] T. Hirata and D. Kirkwood. The prediction and measurement of precipitate number densities in a nickel 6.05 wt- *Acta Metallurgica*, 25:1425–1434, 1977.

[56] M. Horade, S. Sugiyama, Y. Ezoe, I. Mitsuishi, K. Ishizu, T. Moriyama, K. Mitsuda, S. Kinuta, T. Yamanashi, and Y. Ichinosawa. Study on fabrication of ni mirror chip for space x-ray telescopes utilizing liga process. *Micro-Nano Mechatronics and Human Science (MHS)*, pages 263–268, 2010.

[57] E. Hornbogen and M. Roth. Die verteilung kohärenter teilchen in nickellegierungen. *Zeitschrift Metallkunde*, 58/12:842–855, 1967.

[58] J. Hruby. Liga technologies and applications. *MRS Bulletin*, pages 337–340, 2001.

[59] A. H. Huang, C. Y. Chen, C. C. Hsu, and C. S. Lin. Characterization of cr-ni multilayers electroplated from a chromium(iii)-nickel(ii) bath using pulse current. *Scripta Materialia*, 57:61–64, 2007.

[60] A. H. Huang, K. Lin, and C. Chen. Hardness variation and corrosion behavior of as-plated and annealed cr-ni alloy deposits electroplated in a trivalent chromium-based bath. *Surface & Coatings Technology*, 203:3686–3691, 2009.

[61] L. Huang, W. Wang, M. C. Murphy, K. Lian, and Z.-G. Ling. Liga fabrication and test of a dc type magnetohydrodynamic (mhd) micropump. *Microsystem Technologies*, 6:235–240, 2000.

[62] A. Ilzhöfer. *Zugvorrichtung zur Untersuchung mikrostrukturierter Proben*. PhD thesis, Universität Karlsruhe, 1998.

[63] M. Izaki, M. Fukusumi, H. E. A. Omi, and Y. Nakayama. High-temperature oxidation resistance of ni-al alloy films prepared by heating electrodeposited composite. *Journal of the Japan Institute of Metals*, 57:182–189, 1993.

[64] K. Jackson. Fracture strength, elastic modulus and poisson's ratio of polycrystalline 3c thinfilm silicon carbide found by microsample tensile testing. *Sensors and Actuators A: Physical*, 125 (1):34–40, 2005.

[65] Z. Jeffries. The measurement of grain size. *Trans. Faraday Soc.*, 16:200–201, 1920.

[66] A. Jena and M. Chaturvedi. Review the role of alloying elements in the design of nickel-base superalloys. *Journal of Materials Science*, 19:3121–3139, 1984.

[67] W. Jenkins and T. Digges. Effect of temperature on the tensile properties of high-purity nickel. *J. Res. Nat. Bur. Stand.*, 48/4:2317, 1952.

[68] W. Jost. *Diffusion in solids, liquids, gases*. Physical chemistry ; 1. Acad. Pr., New York, 1960.

[69] A. M. Kariapper and J. Foster. Further studies on the mechanism of formation of electrodeposited composite coatings. *Trans. Inst. Metal Finish*, 52:87, 1974.

[70] P. M. Karlsson, A. Baeza, A. Palmqvist, and K. Holmberg. Surfactant inhibition of aluminium pigments for waterborne printing inks. *Corrosion Science*, 50:2282–2287, 2008.

[71] J. Karthaus. *Galvanische Abscheidung von Metallen aus nichtwässrigen Elektrolyten für die Mikrosystemtechnik FZKA 6455*. PhD thesis, Forschungszentrum Karlsruhe, 2000.

[72] K. Kelly, C. Harris, L. Stephens, C. Marques, and D. Foley. Industrial applications for liga-fabricated micro heat exchangers. *Society of Photo-Optical Instrumentation Engineers (SPIE) Conference Series*, Bd. 4559:73–84, 2001.

[73] J. Kestin, M. Sokolov, and W. Wakeham. Viscosity of liquid water in the range -8 °c to 150 °c. *J. Phys. Chem. Ref. Data*, 7/3:941, 1978.

[74] C. Khan Malek and V. Saile. Applications of liga technology to precision manufacturing of high-aspect-ratio micro-components and -systems: a review. *Microelectronics Journal*, 35:131–143, 2004.

[75] B. Köhler. *Werkstofftechnologie der Luft- und Raumfahrt Teil 3; HT-Superlegierungen*. Fachhochschule Aachen, 2002.

[76] J.-H. Kim, S.-C. Yeon, Y.-K. Jeon, J.-G. Kim, and Y.-H. Kim. Nanoindentation method for the measurement of the poisson's ratio of mems thin films. *Sensors and Actuators A*, 108(1-3):20–27, 2003.

[77] Y. Kimura and D. P. Pope. Ductility and toughness in intermetallics. *Intermetallics*, 6:567–571, 1998.

[78] U. Klement and K. A. U. Erb, A.M. El-Sherik. Thermal stability of nanocrystalline ni. *Materials Science and Engineering A*, 203:177–186, 1995.

[79] J. S. Koehler, F. Seitz, J. W. T. Read, W.Shockley, and E. Orowan. *Dislocations in Metals*. The Institute of Metals Division/ The American Institute of Mining and Metallurgical Engineers, 1954.

[80] R. Kozar, A. Suzuki, W. Milligan, J. Schirra, M. Savage, and T. Pollock. Strengthening mechanisms in polysrystalline multimodal

nickel-base superalloys. *Metallurgical and Materials Transactions A*, 40A:1588–1603, 2009.

[81] G. Lagaly. Colloids. *Ullmann's Encyclopedia of Industrial Chemistry*, 9:519–555, 2007.

[82] T. Lampke and B. W. M. Zacher, D. Dietrich. Abscheidung und werkstoffaufbau galvanischer dispersionsschichten. *Materialwissenscaft und Werkstofftechnik*, 39/12:897–900, 2008.

[83] A. Lasalmonie and J. L. Strudel. Review influence of grain size on the mechanical behavior of some high strength materials. *Journal of Materials Science*, 21:1837–1852, 1986.

[84] D. LaVan and W. N. S. Jr. Tensile testing of microsamples. *Experimental Mechanics*, 39 (3):210–216, 1999.

[85] J. Lee and J. Talbot. A model of electrocodeposition on a rotating cylinder electrode. *Journal of The Electrochemical Society*, 154:D70–D77, 2007.

[86] M. Legros, B. R. Elliott, M. N. Rittner, J. R. Weertman, and K. J. Hemker. Microsample tensile testing of nanocrystalline metals. *Philosophical Magazine A: Physics of Condensed Matter, Structure, Defects and Mechanical Properties*, 80 (4):1017–1026, 2000.

[87] V. Levitas, B. Asay, S. Son, and M. Pantoya. Mechanochemical mechanism for fast reaction of maetastable intermolecular composites based on dispersion of liquid metal. *Journal of Applied Physics*, 101:083524, 2007.

[88] Y. Li, J. Zhao, G. Zeng, C. Guan, and X. He. Ni/ni3al microlaminate composite produced by ebpvd and the mechanical properties. *Mater. Lett*, 58:1629–1633, 2004.

[89] H. Liu and W. Chen. Electrodeposited ni-al composite coatings with high al content by sediment co-deposition. *Surface & Coatings Technology*, 191:341–350, 2005.

[90] H. Liu and W. Chen. Reactive oxide-dispersed ni3al intermetallic coatings by sediment co-deposition. *Intermetallics*, 13:805–817, 2005.

[91] H. Liu and W. Chen. Porosity-dependent cyclic-oxidation resistance at 850 °c of annealed ni-al-based coatings via electroplating. *Surface & Coatings Technology*, 202:4019–4027, 2008.

[92] J. Lorenz, G. Schanz, C. Nold, and J. Konys. Galvanische abscheidung von dispersionsschichten und mikrostrukturen aus nickel mit aln-nanopartikeln zur verbesserung der mechanischen eigenschaften. Technical report, Institut für Materialforschung, FZK Karlsruhe, jetzt Karlsruher Institut für Technologie, 2006.

[93] F. Lowenheim, editor. *Modern Electroplating, 3rd Edition*. Wiley, 1974.

[94] E. Macherauch. *Praktikum in Werkstoffkunde : Skriptum für Ingenieure, Metall- u. Werkstoffkundler, Werkstoffwiss., Eisenhüttenleute, Fertigungs- u. Umformtechniker*. Uni-Text. Vieweg, Braunschweig, 7., durchges. aufl. edition, 1987.

[95] X. Meng, H. Shen, H. Vehoff, S. Mathur, and A. Ngan. Fractography, elastic modulus and oxidation resistance of novel metal-intermetallic ni/ni3al multilayer films. *Journal Mater. Res.*, 17/4:790–796, 2002.

[96] P. Meyer, V. Saile, J. Schulz, O. Klein, and M. Arendt. Launching into a golden age: gears (mm parts) made by the deep x-ray lig(a) process. *International Journal of Technology Transfer and Commercialisation*, 7, 4:362–370, 2008.

[97] R. Meyer. Spektrum, Feb. 1997.

[98] M. A. Meyers and E. Ashworth. A model for the effect of grain size on the yield stress of metals. *Philosophical Magazine A*, 46 (5):737–759, 1982.

[99] N. Miyano, H. Iwasa, M. Matsumoto, K. Ameyama, and S. Sugiyama. Micro-structures of tic/ti5si3 composite produced by powder metallurgy and liga process. *Microsystem Technologies*, 11:374–378, 2005.

[100] N. Miyano, H. Iwasa, M. Matsumoto, F. Kato, K. Ameyama, and S. Sugiyama. Fabrication of tini shape memory alloy micro-structures and ceramic micro-mold by liga-ma-sps process. *Micromechatronics and Human Science*, pages 53–59, 2002.

[101] N. Miyano, K. Tagaya, K. Kawase, K. Ameyama, and S. Sugiyama. Fabrication of alloy and ceramic microstructures by liga-ma-sps process. *Sensors and Actuators A: Physical*, 108:250–257, 2003.

[102] A. Mollet, H. ; Grubenmann. *Formulierungstechnik : Emulsionen, Suspensionen, feste Formen*. Wiley-VCH, Weinheim [u.a.], 2000.

[103] K. Momma and F. Izumi. Vesta 3 for three-dimensional visualization of crystal, volumetric and morphology data. *J. Appl. Crystallogr.*, 44:1272–1276, 2011.

[104] F. Nabarro. The strains produced by precipitation in alloys. *Porc. Roy. Soc*, 175 A:519, 1940.

[105] I. Naploszek-Bilnik, A. Budniok, and E. Lagiewka. Electrolytic production and heat-treatment of ni-based composite layers containing intermetallic phases. *Alloys and compounds*, 382:54–60, 2004.

[106] I. Naploszek-Bilnik, A. Budniok, B. Losiewicz, L. Pajak, and E. Lagiewka. Electrodeposition of composite ni-based coatings with the addition of ti or/and al particles. *thin solid films*, 474:146–153, 2005.

[107] P. Nash, M. Singleton, and J. Murray. *Phase diagrams of binary Nickel Alloys*. ASM International, 1991. ISBN0-87170-365-3.

[108] M. Nathal and L. Ebert. Elevated temperature creep-rupture behavior of the single crystal nickel-base superalloy nasair 100. *Metallurgical Transactions A*, 16A:427–439, 1985.

[109] S. Neves. *Microstructure and Mechanical Properties of metallic High.Temperature Materials*. Deutsche Forschungsgemeinschaft, 1999.

[110] W. Nix. Elastic and plastic properties of thin films on substrates: nanoindentation techniques. *Materials Science and Engineering A*, 234:37–44, 1997.

[111] M. Oberseider, F. Erler, C. Jakob, T. Lampke, S. Steinhäuser, and B. Wielage. Eigenschaften von nanoskaligen aluminiumoxidund titandioxid-partikeln in nickelelektrolyten. *Materialwissenschaft und Werkstofftechnik*, 34:627–632, 2003.

[112] C. on Advanced Materials and Fabrication. *Microelctromechanical Systems - Advanced Materials and Fabrication Methods*. Number NMAB-483. National Academic Press, 1997.

[113] D. Pan, M. W. Chen, P. K. Wright, and K. J. Hemker. Evolution of a diffusion aluminide bond coat for thermal barrier coatings during thermal cycling,äcta mater 51 (8), 2205-2217 (2003). *Acta Mater.*, 51 (8):2205–2217, 2003.

[114] K. Parry, A. G. Shard, R. D. Short, R. G. White, J. D. Whittle, and A. Wright. Arxps characterisation of plasma polymerised sur-

face chemical gradients. *Surface and Interface Analysis*, 38/11:1497, 2006.

[115] N. Petch. The cleavage strength of polycrystalline. *Journal of the Iron and Steel Institute*, 173:25–28, 1953.

[116] N. Petch and E. Wright. The plasticity and cleavage of polycrystalline beryllium. ii. the cleavage strength and ductility transition temperature. *Proceedings of the Royal Society of London; Series A, Mathematical and Physical Sciences*, 370 (1740):29–39, 1980.

[117] G. Petzow. *Metallographisches, keramographisches, plastographisches Ätzen*. Materialkundlich-technische Reihe ; 1. Borntraeger, Berlin, nachdr. der 6. vollst. überarb. aufl. edition, 2006.

[118] B. J. Pokines and E. Garcia. A smart material microamplification mechanism fabricated using liga. *Smart Materials and Structures*, 7:105–112, 1998.

[119] P. Puri and V. Yang. Thermo-mechanical behavior of nano aluminum particles with oxide layers during melting. *J. Nanopart. Res.*, 12:2989–3002, 2010.

[120] H. A. Roth, C. L. Davis, and R. C. Thomson. Modeling solid solution strengthening in nickel alloys. *Metallurgical and Materials Transactions A*, 28A:1329–1335, 1997.

[121] J. Rösler, H. Harders, and M. Bäker. *Mechanisches Verhalten der Werkstoffe*. Studium. Vieweg + Teubner, Wiesbaden, 3., durchges. u. korr. aufl. edition, 2008.

[122] W. H. e. Safranek. *The properties of Electrodeposited Metals and Alloys*. American Electroplaters and Surface Finishers Society, 2.edition edition, 1986.

[123] R. Saifullin and R. Khalilova. *Journal of Appl. Chem. (USSR)*, 43:No. 6, 1970.

[124] E. Saiz, R. Cannon, and A. Tomsia. Energetics and atomic transport at liquid metal/al2o3 interfaces. *Acta Mater.*, 47:4209–4220, 1999.

[125] J. Scamehorn, R. Schlechter, and W. Wade. Adsorption of surfactants on mineral oxide surfaces from aqueous solutions. *Journal of Colloid. Interface Science*, 85:463, 1982.

[126] J. H. Schneibel, M. Heilmaier, W. Blum, G. Hasemann, and T. Shanmugasundaram. Temperature dependence of the strength of fine- and ultrafine-grained materials. *Acta Mater.*, 59:1300–1308, 2011.

[127] K. Schumacher, U. Wallrabe, and J. Mohr. *Design, Herstellung und Charakterisierung eines mikromechanischen Gyrometers auf der Basis der LIGA-Technik.* Wissenschaftliche Berichte / Forschungszentrum Karlsruhe in der Helmholtz-Gemeinschaft, FZKA ; 6361. Forschungszentrum Karlsruhe, Karlsruhe, als ms. gedr. edition, 1999.

[128] R. Schwaiger and O. Kraft. Analyzing the mechanical behavior of thin films using nanoindentation, cantilever microbeam deflection, and finite element modeling. *Journal of Materials Research*, 19:315–324, 2004.

[129] R. Schwaiger, B. Moser, M. Dao, N. Chollacoop, and S. Suresh. Some critical experiments on the strain-rate sensitivity of nanocrystalline nickel. *Acta Mater.*, 51/17:5159–5172, 2003.

[130] W. Sharpe Jr. An interferometric strain/displacement measurement system. Technical report, NASA Technical Memorandum, 101638 (1989).

[131] W. Sharpe Jr. Murray lecture: Tensile testing at the micrometer scale: Opportunities in experimental mechanics. *Experimental Mechanics*, 43/5:228–237, 2003.

[132] W. Sharpe Jr, J. Pulskamp, D. S. Gianola, C. Eberl, R. Polawich, and R. Thompson. Strain measurements of silicon dioxide micro-specimens by digital imaging processing. *Experimental Mechanics*, 47:649–658, 2007.

[133] W. Sharpe Jr., K. T. Turner, and R. L. Edwards. Tensile testing of polysilicon. *Exp. Mech*, 39 (3):162–170, 1999.

[134] W. Sharpe Jr., B. Yuan, and R. L. Edwards. A new technique for measuring the mechanical properties of thin films. *J Microelectro-mech Syst*, 6(3):193–198, 1997.

[135] W. Sharpe Jr., B. Yuan, R. Vaidyanathan, and R. L. Edwards. New test structures and techniques for measurement of mechanical properties of mems materials. *Proc SPIE Int Soc Opt Eng*, 2880:78–91, 1996.

[136] B.-Y. Shew and Y. Cheng. Liga spinnerets for microfibers. *AIP Conference Proceedings*, 576, 724, 2001.

[137] D. Son, J. Kim, J.-Y. Kim, and D. Kwon. Tensile properties and fatigue crack growth in liga nickel mems structures. *Materials Science and Engineering A*, 406:274–278, 2005.

[138] J. Song, S. Bajikar, Y. Kang, R. Kustom, D. Mancini, A. Nassiri, and B. Lai. Liga fabrication of mm-wave accelerating cavity structures at the advanced photon source (aps). *Particle Accelerator Conference,,* Linear Colliders, 1997.

[139] L. Stephens and K. Kelly. Bearings and mechanical seals enhanced with microstructures, united states patent 6,280,090, 2001.

[140] G. Storaska and J. Howe. In-situ transmission electron microscopy investigation of surface-oxide, stress-relief mechanisms during melting of sub-micrometer al-si alloy particles. *Materials Science and Engineering A*, 368:183–190, 2004.

[141] D. Susan, K. Barmak, and A. Marder. Electrodeposited ni-al particle composite coatings. *thin solid films*, 307:133–140, 1997.

[142] D. Susan and A. Marder. Ni-al composite coatings: Diffusion analysis and coating lifetime estimation. *Acta materialia*, 49:1153–1163, 2001.

[143] D. Susan and A. Marder. Oxidation of ni-al-base electrodeposited composite coatings. i: Oxidation kinetics and morphology at 800°c. *Oxidation of Metals*, 57:131–157, 2002.

[144] D. Susan and A. Marder. Oxidation of ni-al-base electrodeposited composite coatings. ii: Oxidation kinetics and morphology at 1000 °c. *Oxidation of Metals*, 57:159–180, 2002.

[145] D. Susan and A. R. Marder. Diffusion and high temperature oxidation of ni-al based composite coatings. Technical report, Sandia National Laboratory, Albuquerque, NM Materials Science and Engineering Department, Lehigh University, Bethlehem, PA, 2001.

[146] D. Susan, W. Misiolek, and A. Marder. Reaction synthesis of ni-al-based particle composite coatings. *Metallurgical and materials transactions*, 32A:379–390, 2001.

[147] H. Takata, K. Okada, T. Koga, and H. Hirabayashi. Relation between preferred orientation and young's modulus of electroplated nickel. *J. of the Japan Institute of Metals*, 55:1368–1374, 1991.

[148] S. Taneda. Visualization of separating stokes flows. *Journal of the Physical Society of Japan*, 46(6):1935–1942, 1979.

[149] A. A. Thompson. Yielding in nickel as a function of grain or cell size. *Acta Metall. Mater.*, 23:1337–1342, 1975.

[150] P. Thornton, R. Davies, and T. Johnston. The temperature dependence of the flow stress of the γ' phase based upon Ni_3Al. *Metall. Trans. 1*, pages 207–218, 1970.

[151] C. Thueringen, U. Beckord, and R. Bessey. Construction and manufacturing of a microgearhead with 1.9-mm outer diameter for universal application. *Society of Photo-Optical Instrumentation Engineers (SPIE) Conference Series*, 3680:526–533, 1999.

[152] A. Troost. Einführung in die allgemeine werkstoffkunde metallischer werkstoffe 1, 1989.

[153] Y. Tsuru, M. Nomura, and F. Foulkes. Effects of boric acid on hydrogen evolution and internal stress in films deposited from a nickel sulfamate bath. *Journal of Applied Electrochemistry*, 32 (6):629–634, 2002.

[154] S. C. Tzeng and W. P. Ma. Study of flow and heat transfer characteristics and liga fabrication of microspinnerets. *Journal of Micromechanics*, 13:670–679, 2003.

[155] J. Valdes. Electrodeposition of colloidal particles. *The Joseph W. Richards Summer Fellowship Report*, 134/4:223C–225C, 1987.

[156] E. J. Verwey and J. T. Overbeek. *Theory of the stability of lyophobic colloids : the interaction of sol particles having an electric double layer*. Elsevier, New York, 1948.

[157] C. Wagner. Theorie der alterung von niderschlägen durch umlösen (oswald-reifung). *Z. Elektrochemie*, 65:581–591, 1961.

[158] N. Wang, Z. Wang, K. Aust, and U. Erb. Room temperature creep behavior of nanocrystalline nickel produced by an electrodeposition technique. *Materials Science and Technology A*, 237:150–158, 1997.

[159] S. L. Wang and L. E. Murr. Effect of prestrain and stacking-fault energy on the application of the hall-petch relation in fcc metals and alloys. *Metallography*, 13:203–224, 1980.

[160] Y. M. Wang, K. Wang, D. Pan, K. Lu, K. J. Hemker, and E. Ma. Microsample tensile testing of nanocrystalline copper. *Scripta Materialia*, 48 (12):1581–1586, 2003.

[161] J. H. Westbrook. Temperature-dependence of the hardness of secondary phases common in turbine bucket alloys. *Trans AIME*, 209:898–904, 1957.

[162] K. Wong, K. Chan, and T. Yue. Modelling the effect of complex waveform on surface finishing in pulse current electroforming of nickel. *Surface & Coatings Technology*, 135:91–97, 2000.

[163] Z. Xie, D. Pan, H. Last, and K. Hemker. Effect of as-processed and annealed microstructures on the mechanical properties of liga ni mems. *Mat. Res. Soc. Symp. Proc.*, 605:197–202, 2000.

[164] T. Yamasaki, H. Yokoyama, and T. Fukami. Creep tests of electrodeposited nanocrystallineni-w alloys at elevated temperatures. *Rev. Adv. Mater. Sci*, 18:711–715, 2008.

[165] R. Yang, J. Jiang, W. Wang, and W. J. Meng. Uv-liga fabrication of microscale two-level mold inserts for mems applications. *Proc. Spie 5717: MEMS/MOEMS Components and Their Applications II*, 5717:175–184, 2005.

[166] X. Yang, X. Peng, C. Xu, and F. Wang. Electrochemical assembly of ni-xcr-yal nanocomposites with excellent high-temperature oxidation resistance. *Journal of The Electrochemical Society*, 156(5):C167–C175, 2009.

[167] X. Yang and F. W. X. Peng. Size effect of al particles on the structure and oxidation of ni/ni3al composites transformed from electrodeposited ni-al films. *Scripta Materialia*, 56:509–512, 2007.

[168] X. Yang and F. W. X. Peng. Effect of annealing treatment on the oxidation of an electrodeposited alumina-forming ni-al nanocomposite. *Corrosion Science*, 50:3227–3232, 2008.

[169] X. Yang and F. W. X. Peng, C. Xu. Electrochemical assembly of ni-xcr-yal nanocomposites with excellent high-temperature oxidation resistance. *Journal of The Electrochemical Society*, 156:C167–C175, 2009.

[170] W. Yin, S. Whang, R. Mirshams, and C. Xiao. Creep behavior of nanocrystalline nickel at 290 and 373 k. *Materials Science and Engineering A*, 301:18–22, 2001.

[171] Y. Zhou and H. Z. B.Y. Qian. Al particles size effect on the microstructure of the co-deposited ni-al composite coatings. *Thin solid films*, 517:3287–3291, 2009.

[172] Y. Zhou, X. Peng, and F. Wang. Cyclic oxidation of alumina-forming ni-al nanocomposites with and without ceo2 addition. *Scripta Materialia*, 55:1039–1042, 2006.

[173] Y. Zhou and F. W. X. Peng. Oxidation of a novel electrodeposited ni-al nanocomposite film at 1050 °c. *Scripta Materialia*, 50:1429–1433, 2004.

[174] Z. Zong, J. Lou, O. Adewoye, A. Elmustafa, F. Hammad, and W. Soboyejo. Indentation size effects in the nano- and micro-hardness of fcc single crystal metals. *Materials Science and Engineering A*, 434 (1-2):178–187, 2006.

[175] K. Zum Gahr. Material- und verfahrensentwicklung für mikrotechnische hochleistungsbauteile. Technical report, Forschungszentrum Karlsruhe, Wissenschaftliche Berichte, 2001.

[176] M. Zupan and K. Hemker. High temperature microsample tensile testing of gamma-tial. *Materials Science and Engineering A*, 319-321:810–814, 2001.

[177] M. Zupan and K. Hemker. Yielding behavior of aluminum-rich single crystalline gamma-tial. *Acta Materialia*, 51:6277–6290, 2003.

[178] M. Zupan and K. J. Hemker. Application of fourier analysis to the laser based interferometric strain/displacement gage. *Exp. Mech*, 42 (2):214–220, 2002.

Schriftenreihe
des Instituts für Angewandte Materialien

ISSN 2192-9963

Die Bände sind unter www.ksp.kit.edu als PDF frei verfügbar oder
als Druckausgabe bestellbar.

Band 1   Prachai Norajitra
          Divertor Development for a Future Fusion Power Plant. 2011
          ISBN 978-3-86644-738-7

Band 2   Jürgen Prokop
          **Entwicklung von Spritzgießsonderverfahren zur Herstellung
          von Mikrobauteilen durch galvanische Replikation.** 2011
          ISBN 978-3-86644-755-4

Band 3   Theo Fett
          **New contributions to R-curves and bridging stresses –
          Applications of weight functions.** 2012
          ISBN 978-3-86644-836-0

Band 4   Jérôme Acker
          **Einfluss des Alkali/Niob-Verhältnisses und der Kupferdotierung
          auf das Sinterverhalten, die Strukturbildung und die Mikro-
          struktur von bleifreier Piezokeramik $(K_{0,5}Na_{0,5})NbO_3$.** 2012
          ISBN 978-3-86644-867-4

Band 5   Holger Schwaab
          **Nichtlineare Modellierung von Ferroelektrika unter
          Berücksichtigung der elektrischen Leitfähigkeit.** 2012
          ISBN 978-3-86644-869-8

Band 6   Christian Dethloff
          **Modeling of Helium Bubble Nucleation and Growth
          in Neutron Irradiated RAFM Steels.** 2012
          ISBN 978-3-86644-901-5

Band 7   Jens Reiser
          **Duktilisierung von Wolfram. Synthese, Analyse und Charak-
          terisierung von Wolframlaminaten aus Wolframfolie.** 2012
          ISBN 978-3-86644-902-2

Band 8   Andreas Sedlmayr
          **Experimental Investigations of Deformation Pathways
          in Nanowires.** 2012
          ISBN 978-3-86644-905-3